高等职业教育系列教材

Office 2016 办公软件
高级应用实例教程
第 2 版

主编　侯丽梅　赵永会　刘万辉

参编　刘升贵　支立勋

机械工业出版社

本书以"提升学生就业能力"为导向，通过实例的形式，对 Office 2016 系列软件中 Word、Excel、PowerPoint 的使用进行了重点讲解，将知识点融入实例，让学生循序渐进地掌握相关技能。

本书内容分为 3 篇：第 1 篇为 Word 篇，讲解了联合公文制作、图书订购单制作、面试流程图制作、产品说明书制作、邀请函制作、毕业论文的编辑与排版等典型案例；第 2 篇为 Excel 篇，讲解了员工档案制作、学生成绩统计与分析、销售图表制作、面试成绩数据分析等典型案例；第 3 篇为 PowerPoint 篇，讲解了工作汇报演示文稿制作、企业展示演示文稿制作、数据图表演示文稿制作、片头动画制作等典型案例。

本书配套资源包括书中实例和习题涉及的素材与效果文件、PPT 电子课件、电子教案，以及微课视频。

本书可作为高职高专院校"Office 高级应用"课程的教材，也可以作为其他院校相关选修课程的教材或办公自动化培训用书。

本书配有授课电子课件，需要的教师可登录 www.cmpedu.com 免费注册、审核通过后下载，或联系编辑索取（QQ：1239258369，电话：010-88379739）。

图书在版编目（CIP）数据

Office 2016 办公软件高级应用实例教程 / 侯丽梅，赵永会，刘万辉主编. —2 版. —北京：机械工业出版社，2019.5（2024.8 重印）
高等职业教育系列教材
ISBN 978-7-111-62583-4

Ⅰ. ①O… Ⅱ. ①侯… ②赵… ③刘… Ⅲ. ①办公自动化－应用软件－高等职业教育－教材 Ⅳ. ①TP317.1

中国版本图书馆 CIP 数据核字（2019）第 074172 号

机械工业出版社（北京市百万庄大街 22 号 邮政编码 100037）
策划编辑：王海霞 责任编辑：王海霞 李培培
责任校对：张艳霞 责任印制：单爱军
保定市中画美凯印刷有限公司印刷

2024 年 8 月第 2 版·第 16 次印刷
184mm×260mm·13.5 印张·332 千字
标准书号：ISBN 978-7-111-62583-4
定价：45.00 元

电话服务	网络服务
客服电话：010-88361066	机 工 官 网：www.cmpbook.com
010-88379833	机 工 官 博：weibo.com/cmp1952
010-68326294	金 书 网：www.golden-book.com
封底无防伪标均为盗版	机工教育服务网：www.cmpedu.com

前　言

近年来，随着职业教育改革的不断发展，特别是信息技术与网络技术迅速发展和广泛应用，许多企事业单位对工作人员的办公处理能力提出了越来越高的要求。Office 2016 是微软公司推出的新一代办公处理软件，其功能强大，操作更加方便，使用更加安全和稳定。它是目前使用最广泛、最流行的办公软件之一。

本书是机械工业出版社组织出版的"高等职业教育规划教材"之一。本书以"提升学生就业能力"为导向，通过实例的形式，对 Office 2016 系列软件中 Word、Excel、PowerPoint 的使用进行了重点讲解，将知识点融入实例，让学生循序渐进地掌握相关技能。

1. 本书内容

本书内容分为 3 篇，包括 Word 篇、Excel 篇、PowerPoint 篇，每一个实例都由知识点涉及的相关实例引入，让学生在制作过程中掌握相关操作。实例均是与职场人员的日常工作密切相关的典型案例，都是经过编者反复推敲和研究后制作的。党的二十大报告指出，培养造就大批德才兼备的高素质人才，是国家和民族长远发展大计。本书注重技能的渐进性和学生的综合应用能力的培养，以进一步提高学生的办公软件操作技能。

2. 体系结构

本书的每个实例都采用"实例简介"→"实例实现"→"实例小结"→"经验技巧"→"拓展练习"的结构。

1）实例简介：简要介绍实例的背景、制作要求、涉及的知识点和技能目标。

2）实例实现：详细介绍实例的解决方法与操作步骤。

3）实例小结：对实例中涉及的知识点进行归纳总结，并对实例中需要特别注意的知识点进行强调和补充。

4）经验技巧：对实例中涉及知识的使用技巧进行提炼。

5）拓展练习：结合实例中的内容给出难度适中的上机操作题，通过练习，达到强化巩固所学知识的目的。

3. 本书特色

本书内容简明扼要、结构清晰，实例丰富、强调实践，图文并茂、直观明了，帮助学生在完成实例的过程中学习相关的知识和技能，提升自身的综合职业素养和能力。

4. 教学资源

本书配套资源包括实例和习题涉及的素材与效果文件、PPT 电子课件、电子教案，以及微课视频。

本书由侯丽梅、赵永会、刘万辉主编。具体编写分工情况为：侯丽梅编写了实例 1～3，赵永会编写了实例 4～6，刘升贵编写了实例 7～8，支立勋编写了实例 9～10，刘万辉编写了实例 11～14。

由于编者水平和能力有限，书中难免存在错漏与不足之处，敬请广大读者批评指正。

编　者

目　录

前言

第 1 篇　Word 篇

实例 1　联合公文制作 ················· 1
1.1　实例简介 ······························· 1
  1.1.1　实例需求与展示 ··············· 1
  1.1.2　知识技能目标 ··················· 2
1.2　实例实现 ······························· 2
  1.2.1　Word 文档的新建 ············· 2
  1.2.2　页面设置 ························· 3
  1.2.3　文字录入 ························· 3
  1.2.4　设置文本格式 ··················· 5
  1.2.5　设置段落格式 ··················· 5
  1.2.6　使用项目符号和编号 ·········· 7
  1.2.7　制作文件头 ····················· 7
  1.2.8　绘制水平直线 ··················· 8
  1.2.9　页码设置 ························· 9
  1.2.10　保存文档 ····················· 10
1.3　实例小结 ···························· 12
1.4　经验技巧 ···························· 12
  1.4.1　录入技巧 ······················ 12
  1.4.2　编辑技巧 ······················ 13
1.5　拓展练习 ···························· 14

实例 2　图书订购单制作 ············ 16
2.1　实例简介 ···························· 16
  2.1.1　实例需求与展示 ············· 16
  2.1.2　知识技能目标 ················· 17
2.2　实例实现 ···························· 17
  2.2.1　创建表格 ······················ 17
  2.2.2　合并和拆分单元格 ··········· 19
  2.2.3　输入与编辑表格内容 ········ 20
  2.2.4　设置表格的边框和底纹 ····· 23
  2.2.5　表格中数据的计算 ··········· 25

  2.2.6　表格标题跨页设置 ··········· 26
2.3　实例小结 ···························· 27
2.4　经验技巧 ···························· 28
  2.4.1　录入技巧 ······················ 28
  2.4.2　表格技巧 ······················ 28
2.5　拓展练习 ···························· 30

实例 3　面试流程图制作 ············ 32
3.1　实例简介 ···························· 32
  3.1.1　实例需求与展示 ············· 32
  3.1.2　知识技能目标 ················· 32
3.2　实例实现 ···························· 33
  3.2.1　制作面试流程图标题 ········ 33
  3.2.2　绘制和编辑自选图形 ········ 35
  3.2.3　流程图主体框架绘制 ········ 36
  3.2.4　绘制连接符 ··················· 37
3.3　实例小结 ···························· 37
3.4　经验技巧 ···························· 38
  3.4.1　录入技巧 ······················ 38
  3.4.2　绘图技巧 ······················ 39
  3.4.3　排版技巧 ······················ 40
3.5　拓展练习 ···························· 40

实例 4　产品说明书制作 ············ 42
4.1　实例简介 ···························· 42
  4.1.1　实例需求与展示 ············· 42
  4.1.2　知识技能目标 ················· 42
4.2　实例实现 ···························· 43
  4.2.1　创建说明书模板 ············· 43
  4.2.2　添加说明书内容并分页 ····· 45
  4.2.3　制作说明书封面 ············· 47
  4.2.4　分栏 ···························· 48

4.2.5　管理图文混排 ……………50
4.2.6　制作说明书图表 …………51
4.2.7　插入图形标注 ……………51
4.2.8　添加注释 …………………53
4.3　实例小结 …………………………53
4.4　经验技巧 …………………………54
4.4.1　图片技巧 …………………54
4.4.2　录入技巧 …………………54
4.4.3　多页显示文档 ……………55
4.5　拓展练习 …………………………55

实例5　邀请函制作 ……………………58
5.1　实例简介 …………………………58
5.1.1　实例需求与展示 …………58
5.1.2　知识技能目标 ……………58
5.2　实例实现 …………………………58
5.2.1　创建主文档 ………………59
5.2.2　创建数据源 ………………61
5.2.3　利用邮件合并批量制作邀请函 …62
5.2.4　打印邀请函 ………………64
5.3　实例小结 …………………………65
5.4　经验技巧 …………………………65

5.4.1　编辑技巧 …………………65
5.4.2　排版技巧 …………………66
5.5　拓展练习 …………………………67

实例6　毕业论文的编辑与排版 ………69
6.1　实例简介 …………………………69
6.1.1　实例需求与展示 …………69
6.1.2　知识技能目标 ……………70
6.2　实例实现 …………………………71
6.2.1　文档结构图的使用 ………71
6.2.2　页面设置 …………………71
6.2.3　样式的修改与创建 ………72
6.2.4　样式的应用 ………………75
6.2.5　图、表的编辑 ……………75
6.2.6　分节符的使用 ……………77
6.2.7　页眉和页脚的设置 ………78
6.2.8　目录的生成 ………………79
6.3　实例小结 …………………………81
6.4　经验技巧 …………………………81
6.4.1　一般文档排版技巧 ………81
6.4.2　长文档排版技巧 …………81
6.5　拓展练习 …………………………83

第2篇　Excel篇

实例7　员工档案制作 …………………84
7.1　实例简介 …………………………84
7.1.1　实例需求与展示 …………84
7.1.2　知识技能目标 ……………84
7.2　实例实现 …………………………85
7.2.1　新建Excel工作簿 …………85
7.2.2　保存工作簿 ………………85
7.2.3　数据录入 …………………86
7.2.4　数据有效性设置 …………87
7.2.5　单元格合并居中 …………89
7.2.6　美化表格 …………………89
7.2.7　冻结窗格 …………………90
7.2.8　工作表的插入与重命名 …92
7.2.9　工作表的打印 ……………92
7.3　实例小结 …………………………94
7.4　经验技巧 …………………………94

7.4.1　录入技巧 …………………94
7.4.2　编辑技巧 …………………95
7.5　拓展练习 …………………………96

实例8　学生成绩统计与分析 …………98
8.1　实例简介 …………………………98
8.1.1　实例需求与展示 …………98
8.1.2　知识技能目标 ……………99
8.2　实例实现 …………………………99
8.2.1　利用IF函数转换成绩 ……99
8.2.2　利用公式计算平均成绩 …100
8.2.3　利用COUNTIF函数统计分段
　　　人数 ……………………102
8.2.4　计算总评成绩 ……………104
8.2.5　利用RANK函数排名 ……105
8.3　实例小结 …………………………106
8.4　经验技巧 …………………………109

8.4.1 函数编辑技巧 ……………… 109
8.4.2 公式编辑技巧 ……………… 110
8.5 拓展练习 …………………………… 112
实例9 销售图表制作 …………………… 114
9.1 实例简介 …………………………… 114
9.1.1 实例需求与展示 …………… 114
9.1.2 知识技能目标 ……………… 115
9.2 实例实现 …………………………… 115
9.2.1 创建销售统计柱形图 ……… 115
9.2.2 向图表中添加数据 ………… 116
9.2.3 图表格式化 ………………… 116
9.2.4 图表打印 …………………… 119
9.3 实例小结 …………………………… 120
9.4 经验技巧 …………………………… 121
9.4.1 图表编辑技巧 ……………… 121
9.4.2 图表布局技巧 ……………… 122

9.5 拓展练习 …………………………… 122
实例10 面试成绩数据分析 ……………… 124
10.1 实例简介 ………………………… 124
10.1.1 实例需求与展示 ………… 124
10.1.2 知识技能目标 …………… 124
10.2 实例实现 ………………………… 125
10.2.1 利用记录单管理数据 …… 125
10.2.2 数据排序 ………………… 127
10.2.3 数据筛选 ………………… 129
10.2.4 按专业汇总面试成绩 …… 131
10.2.5 创建数据透视表和数据透视图 … 132
10.3 实例小结 ………………………… 133
10.4 经验技巧 ………………………… 134
10.4.1 数据分析技巧 …………… 134
10.4.2 数据管理技巧 …………… 135
10.5 拓展练习 ………………………… 135

第3篇 PowerPoint 篇

实例11 工作汇报演示文稿制作 ………… 139
11.1 实例简介 ………………………… 139
11.1.1 实例需求与展示 ………… 139
11.1.2 知识技能及目标 ………… 141
11.2 实例实现 ………………………… 141
11.2.1 PPT 框架设计 …………… 141
11.2.2 PPT 页面草图设计 ……… 141
11.2.3 创建文件并设置幻灯片大小 … 142
11.2.4 封面页的制作 …………… 143
11.2.5 目录页的制作 …………… 146
11.2.6 正文页的制作 …………… 147
11.2.7 封底页的制作 …………… 148
11.3 实例小结 ………………………… 149
11.4 经验技巧 ………………………… 149
11.4.1 PPT 文字的排版与字体巧妙使用 … 149
11.4.2 图片效果的应用 ………… 151
11.4.3 多图排列技巧 …………… 154
11.4.4 PPT 界面设计的 CRAP 原则 … 156
11.5 拓展练习 ………………………… 158
实例12 企业展示演示文稿制作 ………… 160
12.1 实例简介 ………………………… 160

12.1.1 实例需求与展示 ………… 160
12.1.2 知识技能及目标 ………… 161
12.2 实例实现 ………………………… 161
12.2.1 认识幻灯片母版 ………… 161
12.2.2 标题幻灯片模板的制作 … 162
12.2.3 目录页幻灯片模板的制作 … 164
12.2.4 过渡页幻灯片模板的制作 … 165
12.2.5 正文页幻灯片模板的制作 … 166
12.2.6 封底页幻灯片模板的制作 … 166
12.2.7 模板的使用 ……………… 167
12.3 实例小结 ………………………… 167
12.4 经验技巧 ………………………… 167
12.4.1 封面页模板设计技巧 …… 167
12.4.2 导航页设计技巧 ………… 170
12.4.3 正文页设计技巧 ………… 173
12.4.4 封底页设计技巧 ………… 174
12.5 拓展练习 ………………………… 175
实例13 数据图表演示文稿制作 ………… 176
13.1 实例简介 ………………………… 176
13.1.1 实例需求与展示 ………… 176
13.1.2 知识技能及目标 ………… 178

13.2　实例实现 ·····················178
　13.2.1　任务分析 ··············178
　13.2.2　封面页与封底页的制作 ·····178
　13.2.3　目录页的制作 ··········179
　13.2.4　过渡页的制作 ··········182
　13.2.5　数据图表页面的制作 ·····183
13.3　实例小结 ·····················188
13.4　经验技巧 ·····················188
　13.4.1　表格的应用技巧 ········188
　13.4.2　绘制自选图形的技巧 ·····190
　13.4.3　SmartArt 图形的应用技巧 ····193
13.5　拓展练习 ·····················194
实例 14　片头动画制作 ············196
14.1　实例简介 ·····················196

14.1.1　实例需求与展示 ·········196
14.1.2　知识技能及目标 ·········196
14.2　实例实现 ·····················196
　14.2.1　插入文本、图片、背景音乐等
　　　　元素 ·················196
　14.2.2　动画的构思设计 ········197
　14.2.3　入场动画制作 ··········197
　14.2.4　输出片头动画视频 ······200
14.3　实例小结 ·····················200
14.4　经验技巧 ·····················201
　14.4.1　手机滑屏动画综合实例 ···201
　14.4.2　PPT 中的视频的应用 ·····205
14.5　拓展练习 ·····················207
参考文献 ·······················208

第1篇 Word篇

实例1 联合公文制作

1.1 实例简介

1.1.1 实例需求与展示

四方网络科技有限公司将于 3 月 10 日开展节能宣传周活动。公司秘书部负责本次宣传周活动的宣传工作，小李作为秘书部的一员，负责本次活动公文的制作，效果如图 1-1 所示。

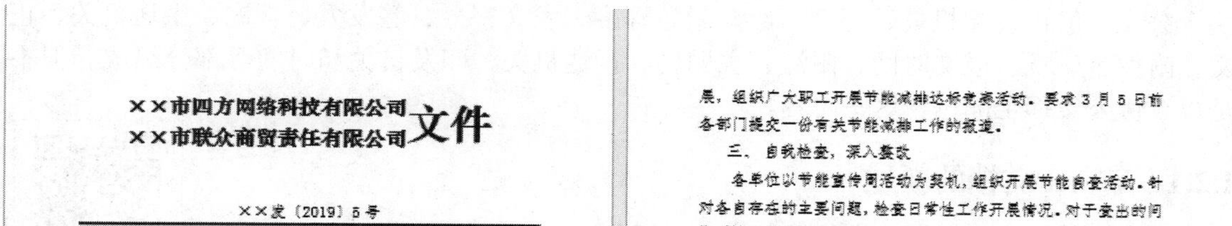

图 1-1 联合公文效果图

1.1.2　知识技能目标

本实例涉及的知识点主要有：文档的页面设置、文本的录入与格式化、段落格式设置、项目符号和编号、绘制水平直线、设置页码和保存文档。

技能目标：

- 掌握文档的创建、保存等基本操作。
- 掌握 Word 文档的页面设置。
- 掌握文本和段落的基本编辑。
- 掌握项目符号和编号的使用。
- 掌握水平直线的绘制。
- 掌握页码设置。
- 掌握文档的保存。

1.2　实例实现

联合公文是同级机关、部门或单位联合发文的形式。关于联合公文要注意的内容是：①行文的各机关部门必须是同级的；②联合公文对于共同贯彻执行有关方针、政策或兴办某些事业，是非常有利的；③几个平行机关或部门联合行文，应将相对应的各机关都列为主送机关；④联合公文应当确有必要，且单位不宜过多。

公文一般由发文机关、秘密等级、紧急程度、发文字号、签发人、标题、主送机关、正文、附件、印章、成文时间、附注、主题词、抄送机关、印发机关和时间等部分组成。但不是每一份公文都全部包含这些内容。

1.2.1　Word 文档的新建

建立新的 Word 文档，首先要启动 Word 2016，启动步骤如下。

1）执行"开始"→"所有程序"→"Microsoft Office 2016"→"Microsoft Office Word 2016"命令，启动 Word 2016。

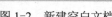

文本输入与
格式化

2）单击"空白文档"按钮，如图 1-2 所示，新建一个空白 Word 文档。

图 1-2　新建空白文档

1.2.2　页面设置

由于公文的特殊性，对公文的纸张、页边距等均有明确的规定，因此对公文的页面设置也有一定的要求。页面设置要求：纸张采用 A4 纸，纵向，上、下页边距为 2.54 厘米，左、右页边距为 2.5 厘米。具体操作步骤如下。

1）选择"布局"选项卡，单击"页面设置"功能组右下角的对话框启动器按钮，打开"页面设置"对话框。

2）单击"纸张"选项卡，从"纸张大小"的下拉列表中选择"A4"。

3）单击"页边距"选项卡，将"纸张方向"设置为"纵向"，将"页边距"按要求设置，上、下页边距为 2.54 厘米，左、右页边距为 2.5 厘米，如图 1-3 所示。

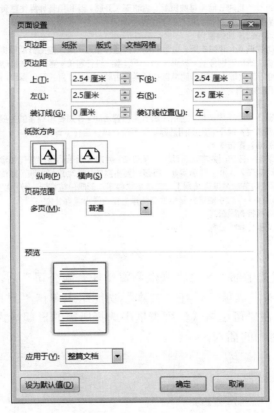

图 1-3　页面设置

4）单击"确定"按钮，完成页面设置。

1.2.3　文字录入

页面设置完成以后，就可以进行文字录入了，具体操作步骤如下。

1）将光标插入点位于文档的首行。

2）按〈Ctrl + Shift〉组合键启动中文输入法。

3）输入"××市四方网络科技有限公司××市联众商贸责任有限公司文件"字样，按〈Enter〉键将光标移到下一行。

4）用相同的方法输入公文正文内容，如图 1-4 所示。

××市四方网络科技有限公司××市联众商贸责任有限公司文件
××发（2019）5 号
关于开展 2019 年节能宣传周活动的通知
公司人事部、宣传部：
一年一度的节能宣传周活动即将来临，根据有限公司的要求，于今年 3 月 10 日至 16 日开展
以"节能低碳，绿色发展"为主题的节能宣传周活动，现就活动的有关安排通知如下：
认真组织安排，全员参与
各单位要认真学习有关节能减排文件、规定，按照通知要求，结合各自实际，精心组织，开
展以"节能低碳，绿色发展"为主题的各项活动，包括节能宣传活动、知识竞赛、横幅宣传、
项目照片演示、知识讲座等，形成人人重视的良好氛围。要求各部门要张贴宣传画、悬挂宣
传横幅和制作宣传展板。
工会要进一步推动"我为节能减排做贡献"活动深入开展，要利用各种媒体宣传主题活动和
节能减排的重要意义，不断提高职工的节能减排意识。
开辟专版，交流经验、加强宣传
公司将在《公司快讯》上开辟专版，进行节能减排宣传报道。深入挖掘节能减排亮点。对项
目部的技术改造、成功管理经验、先进人物、典型事例进行宣传。要进一步推动节能减排活
动深入开展，组织广大职工开展节能减排达标竞赛活动。要求 3 月 5 日前各部门提交一份有
关节能减排工作的报道。
自我检查，深入整改
各单位以节能宣传周活动为契机，组织开展节能自查活动。针对各自存在的主要问题，检查
日常性工作开展情况。对于查出的问题要认真整改，确保目标、计划完成。
四、　认真总结，宣传表彰
宣传周活动结束后，各部门对本次活动要认真总结，并对今后活动提出意见和建议，确保每
次节能减排活动能深入人心，落到实处。各部门要将宣传周活动现场拍照（宣传画、横幅和
展板），并按照公司节能减排宣传周工作总结格式要求，形成总结报告，分别以书面和电子
文件形式于 2019 年 3 月 20 前提交公司节能减排工作领导小组办公室。
××市四方网络科技有限公司
××市联众商贸责任有限公司

图 1-4　公文内容

5）将光标定位于正文尾部"××市联众商贸责任有限公司"后，按〈Enter〉键将光标
移到下一行。选择"插入"选项卡，在"文本"功能组中单击"日期和时间"按钮，打开
"日期和时间"对话框。在"可用格式"列表框中选择所需的日期格式，如图 1-5 所示。单
击"确定"按钮，完成时间的插入。

图 1-5　"日期和时间"对话框

6）继续录入，完成公文其他内容的输入。效果如图 1-6 所示。

主题词：节能　宣传　通知	
抄送：设计部、生产部	共印 18 份
××市四方网络科技有限公司	2019 年 3 月 2 日印发

图 1-6　公文其他内容

1.2.4　设置文本格式

文本格式设置是指对文本中各种字符的字体、字号、字形和颜色等的设置，也称为对文本字符的格式化。在 Word 2016 中，对文本进行操作，必须先选定要设置的文本，即"先选中，后操作"。操作步骤如下。

1）选中"××市四方网络科技有限公司××市联众商贸责任有限公司文件"字样。

2）选择"开始"选项卡，在"字体"功能组中，设置字体为"华文中宋"，字号为"初号"，加粗，字体颜色为"红色"，如图 1-7 所示。

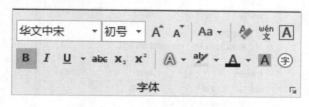

图 1-7　标题字体设置

3）选中"关于开展 2019 年节能宣传周活动的通知"字样，在"字体"功能组中，将其字体设置为"华文中宋"，字号为"二号"，加粗。

4）选中从"公司人事部、宣传部："到正文文档结尾"二〇一九年三月二日"内容，在"字体"功能组中，将其字体设置为"仿宋"，字号为"三号"。

5）用同样的方法将"主题词"设置为"华文中宋、小二、加粗"，将抄送机关、发文单位、发文日期设置为"宋体、四号"。

6）利用格式刷，将"××发〔2019〕5 号"的格式刷成和公文正文一样的格式。

实现方法：将光标插入点置于公文正文中，选择"开始"选项卡，单击"剪贴板"功能组中的"格式刷"按钮 格式刷，之后用小刷子形状的光标选中"××发〔2019〕5 号"字样，松开鼠标，即可完成格式的复制。

1.2.5　设置段落格式

段落指的是以按〈Enter〉键作为结束的一段文本内容。在 Word 中以段落为排版的基本单位，每个段落都可以有自己的格式设置。

在文档录入过程中，如果按〈Enter〉键，那么表示换行并且开始一个新的段落，这时新段落的格式会自动设置为上一段落中的字符和段落格式；如果按〈Shift＋Enter〉快捷键，则表示文字将换行但不换段；如果按〈Ctrl＋Enter〉快捷键，则表示文字将换行、换段，并开始新的一页。

如果删除了段落标记，则标记后面的一段将与前一段合并，并采用该段的间距。

格式化段落主要使用"段落"功能组和"段落"对话框。在对段落进行格式化之前，必须先选中该段落。

图 1-1 所示效果图的具体操作步骤如下。

1）选中"××市四方网络科技有限公司××市联众商贸责任有限公司文件"段落，选择"开始"选项卡，单击"段落"功能组右下角的对话框启动器按钮，弹出"段落"对话框，在"常规"组中，设置"对齐方式"为"居中"，在"间距"组中，将"段后"微调框的值设置为"6 磅"，"行距"为"单倍行距"，如图 1-8 所示。

图 1-8　标题段落设置

2）将光标置于发文号"××发〔2019〕3 号"之前，按一次〈Enter〉键，之后选中此段落，打开"段落"对话框，在对话框中设置段落"对齐方式"为"居中"，"行距"为"单倍行距"。

3）将光标置于"关于开展 2019 年节能宣传周活动的通知"前，按一次〈Enter〉键，之后选中此段落，打开"段落"对话框，在对话框中设置段落"对齐方式"为"居中"，"段前""段后"均设置为"0.5 行"，"行距"为"1.5 倍行距"。

4）选中"一年一度的节能宣传周活动即将来临"至"分别以书面和电子文件形式于2019 年 3 月 20 日前提交公司节能减排工作领导小组办公室。"的内容，打开"段落"对话框，在"常规"组中设置"对齐方式"为"两端对齐"，"特殊格式"为"首行缩进"，"缩进值"为"2 字符"，"行距"为"单倍行距"。

5）选中"公司人事部、宣传部："，将其段落的"行距"设置为"单倍行距"。

6）用同样的方法，将落款单位、日期的"对齐方式"设置为"右对齐"，"行距"为"单倍行距"。

7）最后将主题词、抄送机关、发文单位的"行距"设置为"最小值"，"设置值"为"12 磅"。

1.2.6 使用项目符号和编号

项目符号和编号可以使要点和分类更加突出，使文档内容显得更加层次分明。项目符号和编号可以通过"开始"选项卡的"段落"功能组中的"项目符号""编号"按钮实现。具体操作步骤如下。

1）选中要添加编号的文本，"认真组织安排，全员参与""开辟专版，交流经验、加强宣传""自我检查，深入整改""认真总结，宣传表彰"。（提示：可以按住〈Ctrl〉键配合鼠标进行选择。）

2）单击"段落"功能组中的"编号"按钮，在下拉列表中选择"编号库"中的第二行第一个编号，如图 1-9 所示。完成对所选文本内容的编号。

使用了编号以后，在删除某一行或插入一行后，数字或字母编号会自动调整。

图 1-9 编号设置

1.2.7 制作文件头

文件头由发文机关名称和"文件"二字组成。对于联合公文，一般应该将两个机关名称合并在一行内显示，置于"文件"二字前面。要实现这样的效果，需要使用 Word 中的"双行合一"功能。具体操作步骤如下。

1）选中"××市四方网络科技有限公司××市联众商贸责任有限公司文件"字样。

2）选择"开始"选项卡，在"段落"功能组中单击"字符缩放"按钮，

文件头制作
与页码设置

7

在下拉列表中选择"双行合一"选项，如图 1-10 所示。

3）在弹出的"双行合一"对话框中可以看到"文字"列表框中要进行双行合一的文字和预览效果，如图 1-11 所示。（注意：在操作过程中，如果对预览效果不满意，可通过空格对要处理的文字进行调整，直至达到满意效果。）

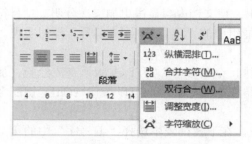

图 1-10 "双行合一"选项

图 1-11 "双行合一"对话框

4）单击"确定"按钮，完成文本"双行合一"的设置。

如果发文机关超过两个，也可以用插入表格的方法来实现机关名称的合并显示。

1.2.8 绘制水平直线

在发文号和发文标题之间有一条水平直线，要求线条颜色为红色，粗细为 3 磅。具体操作步骤如下。

1）选择"插入"选项卡，单击"插图"功能组中的"形状"按钮，在下拉列表中的"线条"组中选择"直线"选项，如图 1-12 所示。

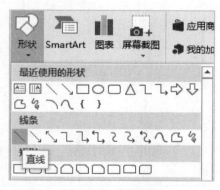

图 1-12 选择直线

2）将光标移到文本中，光标变成十字指针，在发文号与标题之间的合适位置，按住鼠标左键的同时按住〈Shift〉键，水平拖动鼠标即可绘制出一条水平直线。

3）选中刚刚绘制的直线，选择"绘图工具"→"格式"选项卡，单击"形状样式"功能组右下角的对话框启动器按钮，弹出"设置形状格式"窗格。在窗格的"线条"组中选择"实线"单选按钮，设置"颜色"为"红色"，设置"宽度"的值为"3 磅"，如图 1-13所示。

图 1-13　设置直线的颜色与宽度

4）用相同的方法，为文档最后的主题词、抄送机关、发文单位三行添加黑色、0.75 磅的下画线。

1.2.9　页码设置

公文中需要插入页码，要求页码位于页面底端，居中显示。页码格式为 1、2、3……，起始页码为 1，具体操作步骤如下。

1）选择"插入"选项卡，单击"页眉和页脚"功能组中的"页码"按钮，在下拉列表中选择"设置页码格式"，如图 1-14 所示。打开"页码格式"对话框，设置对话框中"编号格式"为"1,2,3..."，在"页码编号"组中选择"起始页码"单选按钮，并在其后的微调框中设置起始页码的值为"1"，如图 1-15 所示。单击"确定"按钮，完成页码格式的设置。

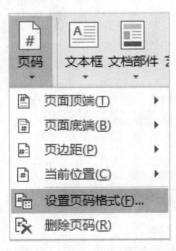

图 1-14　"设置页码格式"选项

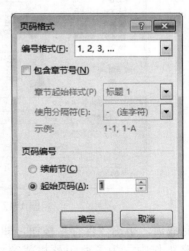

图 1-15　"页码格式"对话框

2）再次单击"页码"按钮并在下拉列表中选择"页面底端"级联菜单中的"普通数字2"选项，如图 1-16 所示。

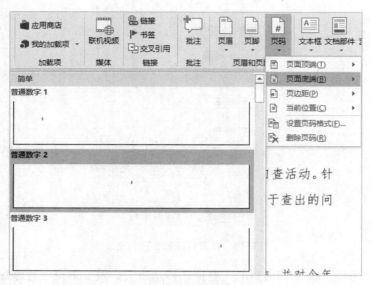

图1-16 添加页码

1.2.10 保存文档

文档首次保存，单击"保存"按钮![保存图标]，在弹出的"另存为"对话框中，设置保存路径和文件名，文件名为"联合公文"，如图1-17所示。

图1-17 "另存为"对话框

设置完成后，单击"保存"按钮，即可实现文档的保存。

在日常工作中，为了避免死机或突然断电造成文档数据的丢失，可以设置自动保存功能。具体操作如下。

执行"文件"→"选项"菜单命令，弹出"Word 选项"对话框，选择"保存"选项，选中"保存自动恢复信息时间间隔"复选框，并在后面的数值框中输入自动保存的间隔时间，如图1-18所示。

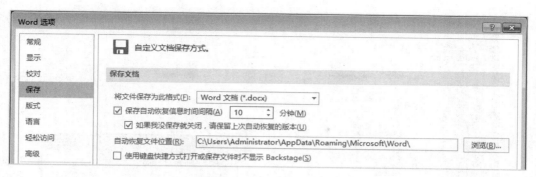

图 1-18　设置自动保存时间

公文具有特定的格式，为了保持公文格式的统一，可以将公文保存成公文模板，供以后使用。打开"另存为"对话框，在对话框中设置模板文件的名称，并将"保存类型"设置为"Word 模板"，如图 1-19 所示。设置完成后单击"保存"按钮即可。

图 1-19　"另存为"对话框

由于公文具有其特殊性，有些公文为了防止其他人修改或删除重要内容，可以为其进行加密保护，具体操作步骤如下。

执行"文件"→"信息"菜单命令，在右侧单击"保护文档"按钮，在下拉列表中选择"用密码进行加密"选项，如图 1-20 所示。弹出"加密文档"对话框，如图 1-21 所示。输入密码，单击"确定"按钮，实现对文档的加密。

图 1-20　选择加密保护

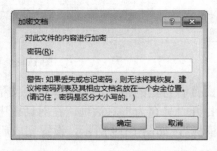

图 1-21　"加密文档"对话框

1.3　实例小结

本章通过联合公文的制作，介绍了 Word 文档的基本操作，包括文档的新建、页面设置、字符和段落的设置、水平直线的绘制、联合公文文件头的制作及文档的保存等。实际操作中需要注意的是，对 Word 中的文本进行格式化时，必须先选定要设置的文本，再进行相关操作。

1.4　经验技巧

1.4.1　录入技巧

1．快速输入省略号

在 Word 中输入省略号时经常采用选择"插入"→"符号"菜单命令的方法。其实，只要按〈Ctrl+Alt+.〉组合键便可快速输入省略号，并且在不同的输入法下都可以采用这个方法快速输入。

2．快速输入当前日期

在 Word 中进行录入时，经常遇到输入当前日期的情况，在输入当前日期时，只需在"插入"选项卡的"文本"功能组中单击"日期和时间"按钮，在"日期和时间"对话框中选择需要的日期格式，单击"确定"按钮就可以了。

3．频繁词的巧妙输入

在 Word 中可以利用两种功能来完成频繁词的输入。

（1）利用 Word 的"自动图文集"功能

利用 Word 的"自动图文集"功能的操作步骤如下。

步骤一：建立高频率使用词。

如"××市四方网络科技有限公司"为这篇文件中一个高频率词，则先选中该词，然后单击自定义快速访问工具栏中的"自动图文集"按钮，在下拉列表中选择"将所选内容保存到自动图文集库"选项，打开"新建构建基块"对话框。然后输入该"自动图文集"词条的名称（可采用实际的词语名称简写，如"sf"），完成后单击"确定"按钮（注：一般情况下，"自动图文集"按钮未显示在快速访问工具栏中，需要通过自定义方式将其添加到其中）。

步骤二：在文件中使用建立的高频率词。在每次要输入该类词语的时候，只要单击自定义快速访问工具栏中的"自动图文集"按钮，然后从下拉列表中选择要输入的词汇即可。

（2）采用 Word 的替换功能

首先对于这个频繁出现的词在输入时可以以一个特殊的符号代替，如采用"sf"（双引号不用输入），完成后再在"编辑"功能组中单击"替换"按钮（或直接利用〈Ctrl+H〉组合键），在打开的"查找和替换"对话框中输入查找内容"sf"及替换内容"××市四方网络科技有限公司"，最后单击"全部替换"按钮即可快速完成这个词的替换输入。

4. 英文大小写快速切换

在对文件录入时，文件中的大小写英文字母时常需要进行切换。对已输入的英文词组进行全部大写或小写变换时，可以先选中需变换大小写的文字，然后重复按〈Shift+F3〉组合键即可在"全部大写""全部小写"和"首字母大写、其他字母小写"3 种方式下进行切换。

5. 快速输入大写数字

由于工作需要，经常要输入一些大写的金额数字（特别是财务人员），但由于大写数字笔画大多比较复杂，无论是用五笔字型还是拼音输入法输入都比较麻烦。在 Word 2016 中可以巧妙地完成大写数字的输入。

首先输入小写数字如"123456"，选中该数字后，选择"插入"选项卡，在"符号"功能组中单击"编号"按钮，出现"编号"对话框，选择"壹，贰，叁…"选项，单击"确定"按钮即可。

1.4.2 编辑技巧

1. 同时保存所有打开的 Word 文档

有时在同时编辑多个 Word 文档时，逐一保存每个文件既费时又费力，有没有简单的方法呢？

用以下方法可以快速保存所有打开的 Word 文档。具体操作步骤如下。

用鼠标右击"文件"上方的快速访问工具栏，在弹出的快捷菜单中选择"自定义快速访问工具栏"命令，打开"Word 选项"对话框。在"从下列位置选择命令"下拉列表框中，选择"不在功能区中的命令"选项，在下方的列表框中选择"全部保存"选项，单击"添加"按钮，再单击"确定"按钮返回，"全部保存"按钮便出现在快速访问工具栏中了。有了这个"全部保存"按钮，就可以一次保存所有文件了。

2. 关闭拼写错误标记

在编辑 Word 文档时，经常会遇到许多绿色的波浪线，怎么去掉它？Word 2016 有拼写和语法检查功能，通过它用户可以对输入的文字进行实时检查。系统是采用标准语法检查的，因而在编辑文档时，对一些常用语或网络语言会产生红色或绿色的波浪线，有时候这会影响用户的工作。这时可以将它隐藏，待编辑完成后再进行检查。方法如下。

1）右击状态栏上的"拼写和语法状态"图标，从弹出的快捷菜单中取消选择"拼写和语法检查"命令后，错误标记便会立即消失。

2）如果要进行更详细的设置，可以执行"文件"→"选项"菜单命令，打开"Word 选项"对话框，在左侧选择"校对"选项后，对"拼写和语法"进行详细的设置，如拼写和语法检查的方式、自定义词典等项。

1.5 拓展练习

1．根据"习题 1 素材.docx"中的内容制作"表彰公文"，效果如图 1-22 所示。

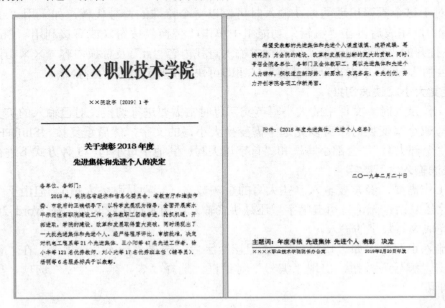

图 1-22 表彰公文

要求如下所述。

1）页面要求：纸张大小为 A4，左右边距分别为 2.5 厘米，上下边距分别为 2.54 厘米。

2）文件头文字为"华文中宋，小初"，标题文字为"华文中宋，二号"，主题词内容文字为"黑体，小二号"，其他部分文字为"仿宋，三号"。

3）适当调整段落间距，添加水平直线，实现图 1-22 所示效果。

2．根据"习题 2 素材.docx"中的内容制作一则招聘启事，效果如图 1-23 所示。

要求如下所述。

1）标题为"方正姚体，48 号"，红色。

2）"9 月 20 日之前"和"1200 元以上"文字加底纹效果。

3）招聘内容，"一、应聘人员标准与要求""二、招聘岗位、数量和专业要求""三、招聘程序""四、工资福利待遇""五、报名地点及联系方式"标题文字为"微软雅黑，小四"，阴影效果，字符间距缩放率为 150％，加宽 1 磅，位置提升 3 磅。剩余文字为"幼圆，小四"。

4）标题内容居中，其他内容首行缩进 2 字符，1.5 倍行距，前两段内容左右各缩进 0.5 字符。

5）为文中相关内容加图 1-23 所示的项目符号和编号。

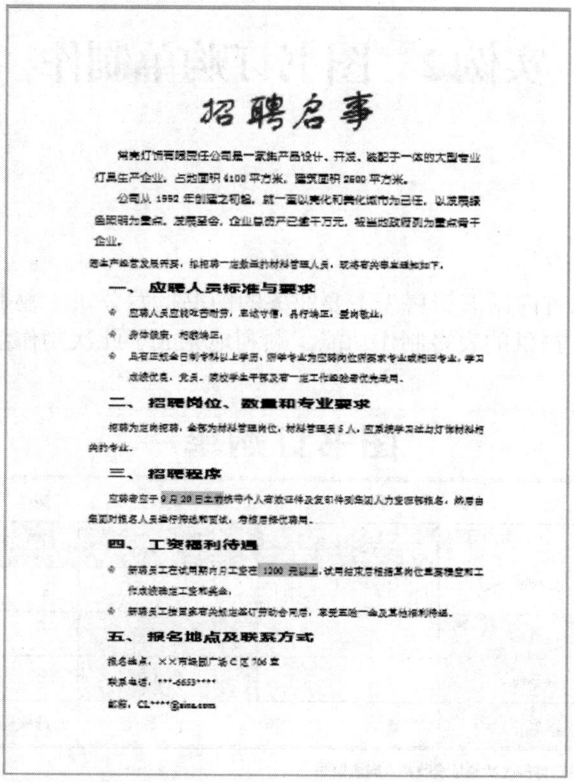

招聘启事

常亮灯饰有限责任公司是一家集产品设计、开发、装配于一体的大型专业灯具生产企业，占地面积 4100 平方米，建筑面积 2600 平方米。

公司从 1992 年创建之初起，就一直以美化和亮化城市为己任，以发展绿色照明为重点，发展至今，企业总资产已逾千万元，被当地政府列为重点骨干企业。

因生产经营发展需要，拟招聘一定数量的材料管理人员，现将有关事宜通知如下。

一、应聘人员标准与要求

- 应聘人员应能吃苦耐劳，忠诚守信，品行端正，爱岗敬业。
- 身体健康，相貌端正。
- 具有正规全日制专科以上学历，所学专业为应聘岗位所要求专业或相近专业，学习成绩优良，党员、院校学生干部及有一定工作经验者优先录用。

二、招聘岗位、数量和专业要求

招聘为定岗招聘，全部为材料管理岗位，材料管理员 5 人，应系统学习过与灯饰材料相关的专业。

三、招聘程序

应聘者应于 9 月 20 日之前携带个人有效证件及复印件到集团人力资源部报名，然后由集团对报名人员进行笔试和面试，考核后择优聘用。

四、工资福利待遇

- 新聘员工在试用期内月工资在 1200 元以上，试用结束后根据其岗位要求程度和工作成绩确定工资和奖金。
- 新聘员工按国家有关规定签订劳动合同后，享受五险一金及其他福利待遇。

五、报名地点及联系方式

报名地点：××市绿园广场 C 区 706 室

联系电话：***-6653****

邮箱：CL****@sina.com

图 1-23　招聘启事

实例 2 图书订购单制作

2.1 实例简介

2.1.1 实例需求与展示

四季书屋是一家以省内图书销售为主要业务的图书批发公司。秘书部的小王按照经理提出的要求，借助 Word 提供的表格制作功能，顺利地完成了此次制作图书订购单的任务。效果如图 2-1 所示。

图书订购单

订购日期：	年	月	日		No:
订购人资料	□会员订购 □首次订购	□会员订购	会员编号	姓名	联系电话
	姓名		电子邮箱		
	联系电话		身份证号		
	家庭住址	省	市	县/区	邮政编码：□□□□□□
收货人资料	★指定其他送货地址或收货人时请填写				
	姓名		联系电话		
	送货地址	省	市	县/区	
	备注	★有特殊送货要求时请说明			

订购图书资料	货号	图书名称	单价（元）	数量（个）	金额（元）
	W001	Word2016 教程	35	120	¥4,200.00
	X001	实用英语教程	26	180	¥4,680.00
	E002	Excel2016 技巧	15	150	¥2,250.00
	P003	PowerPoint2016 高级应用	45	145	¥6,525.00
	合计总金额：¥17,655.00 元				

	付款方式	□邮政汇款	□银行汇款	□货到付款
	配送方式	□普通包裹	□送货上门	

注意事项	● 请务必详细填写，以便尽快为您服务。 ● 在收到您的订单后，我们的客服人员将会与您联系，确认此订单。 ● 订单经确认后，图书将保留 5 个工作日，如 5 个工作日后仍没收到您的汇款，我们将取消订单。 ● 若需咨询订购流程或商品信息，可以拨打本公司的免费订购与咨询电话：********

图 2-1 图书订购单

2.1.2 知识技能目标

本实例涉及的知识点主要有：表格的创建、表格中单元格的合并与拆分、表格边框和底纹的设置、公式和函数的使用。

知识技能目标：

- 掌握表格的创建。
- 掌握表格中单元格的合并与拆分。
- 掌握表格内容的输入与编辑。
- 掌握表格边框与底纹的制作。
- 掌握表格标题的跨页设置。
- 掌握表格中公式和函数的使用。

2.2 实例实现

图书订购单应具备以下的特色和要求：

- 根据订购人资料、收货人资料、订购图书资料、付款方式、配送方式等划分订购单区域。
- 整个表格的外边框、不同部分之间的边框以双实线来划分；对处于同一区域中的不同内容，可以用虚线等特殊线型来分隔。
- 重点分部用粗体来注明。
- 为表明注意事项中提及内容的重要性，用项目符号对其进行组织。
- 对于选择性的项目，或者填写数字之处，可以通过插入空心方框作为书写框。
- 对于重点部分或者不需要填写的单元格填充比较醒目的底色。
- 可以快速计算出单个商品的金额，以及订购的总金额。

创建此表格的流程如下所述。

1）创建表格雏形。
2）编辑订购单表格。
3）输入与编辑订购单内容。
4）设置与美化表格。
5）计算表格数据。

创建表格雏形

2.2.1 创建表格

在创建表格之前，必须先规划好行数和列数，以及表格的大概结构。最好先在纸上绘制出表格的草图，再在 Word 文档中进行创建。具体操作步骤如下。

1）启动 Word 2016，创建一个空白的 Word 文档。选择"布局"选项卡，单击"页面设置"功能组右下角的对话框启动器按钮，在弹出的"页面设置"对话框中，将"页边距"选项卡中的"左""右"数值框均设置为 1.5 厘米，如图 2-2 所示。单击"确定"按钮，完成页面设置。

2）在文档的首行输入标题"图书订购单"，并按〈Enter〉键，将插入点移到下一行。

3）选择"插入"选项卡，单击"表格"功能组中的"表格"按钮，在下拉列表中选择"插入表格"选项，弹出"插入表格"对话框，在"表格尺寸"栏中，将"列数""行数"数值框分别设置为"5"和"20"，如图 2-3 所示。设置完成后，单击"确定"按钮，完成表格的插入。

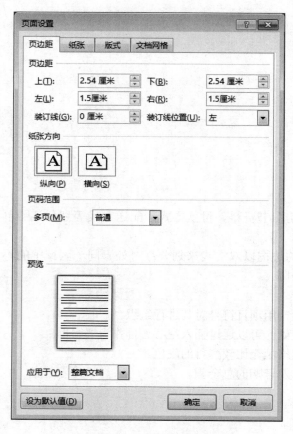

图 2-2　页边距设置

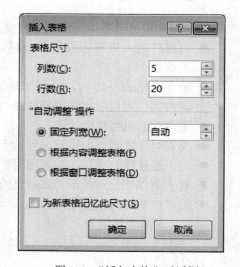

图 2-3　"插入表格"对话框

4）选中标题行文本"图书订购单"，选择"开始"选项卡，在"字体"功能组中，将选中文本的字体设置为"黑体"、加粗，字号设置为"一号"，在"段落"功能组中，单击"居中"按钮，将文字的对齐方式设置为"居中对齐"，如图 2-4 所示。

图 2-4　标题格式设置

5）将鼠标移动到表格右下角的表格大小控制点上，按住左键不放，往下拖动，增大表格高度。结果如图 2-5 所示。

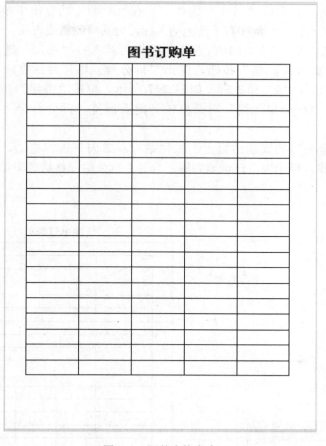

图 2-5　调整表格高度

2.2.2　合并和拆分单元格

由于插入的表格过于简单，与图 2-1 所示表格相差较大，需要进行单元格的合并，才能形成图 2-1 所示的表格。具体操作步骤如下。

1）由于第 1 列较宽，需要将其宽度进行调整。将鼠标移至第 1 列右侧边框线上，当鼠标指针变成 ┿ 形状时，按住左键往左拖动，减小此列的宽度。

2）选中第 2、3、4 列，选择"表格工具"→"布局"选项卡，单击"单元格大小"功能组中的"分布列"按钮，平均分布选中各列。

3）选择表格第 1 行，选择"表格工具"→"布局"选项卡，在"合并"功能组中，单击"合并单元格"按钮，如图 2-6 所示，实现第 1 行单元格的合并操作。

图 2-6　"合并单元格"按钮

4）用同样的方法合并以下单元格区域 A2：A6、B2：B3、C6：D6、A7：A11、B7：E7、C9：E9、B10：B11、C10：E11、A12：A17、B17：E17、A18：B18、C18：E18、A19：B19、C19：E19、B20：E20。

5）选择"表格工具"→"设计"选项卡，在"绘图"功能组中单击"绘制表格"按钮，在 B2 单元格中，自左上角往右下角拖动鼠标，为其绘制斜线表头。

6）选中单元格区域 C12∶E16，选择"表格工具"→"布局"选项卡，在"合并"功能组中，单击"拆分单元格"按钮，弹出"拆分单元格"对话框，在"列数"和"行数"数值框中分别输入"4"和"5"，如图 2-7 所示。单击"确定"按钮，完成对单元格的拆分。注意：在"拆分单元格"对话框中一定要保持"拆分前合并单元格"复选框的选中。

7）将鼠标移至表格的底端边框上，按住鼠标左键向下进行拖动，微调最后一行的行高。通过以上的操作，整个表格已调整完毕，合并、拆分单元格后效果如图 2-8 所示。

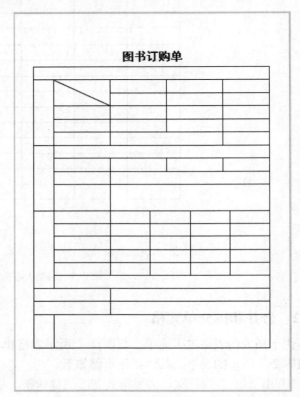

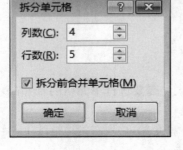

图 2-7　拆分单元格　　　　　　　　图 2-8　合并、拆分单元格后效果图

2.2.3　输入与编辑表格内容

完成表格的结构编辑后，即可在其中输入内容，然后设置文字的方向及文字在单元格中的位置，从而得到最佳的表格效果。具体操作步骤如下。

输入表格内容
与格式化

1）单击表格左上角的表格移动控制点符号，选中整个表格，选择"开始"选项卡，在"字体"功能组中设置表格字体为"宋体"、字号为"五号"。

2）在表格中绘制了斜线表头单元格右上角双击鼠标，当光标闪动后输入文字"会员订购"，在该单元格的左下角双击鼠标，在光标闪烁处输入文字"首次订购"。

3）在其他单元格输入文本内容，对于重点内容或者需要特别注意的内容，为其添加粗体字形。输入表格内容后效果如图2-9所示。

图书订购单

订购日期：	年	月	日		No：	
订购人资料	会员订购 首次订购	会员编号		姓名		联系电话
	姓名		电子邮箱			
	联系电话		身份证号			
	家族住址	省 市 县/区			邮政编码：	
收货人资料	**指定其他送货地址或收货人时请填写**					
	姓名		联系电话			
	送货地址	省 市 县/区				
	备注	**有特殊送货要求时请说明**				
订购图书资料						
	合计总金额：	元				
付款方式	邮政汇款	银行汇款		货到付款		
配送方式	普通包裹	送货上门				
注意事项	请务必详细填写，以便尽快为您服务。 在收到您的订单后，我们的客服人员将会与您联系，确认此订单。 订单经确认后，图书将保留5个工作日，如5个工作日后仍没收到您的汇款，我们将取消订单。 若需咨询订购流程或商品信息，可以拨打本公司的免费订购与咨询电话：********					

图2-9 输入表格内容后效果图

4）将插入点定位于文本"会员订购"的前面，选择"插入"选项卡，在"符号"功能组中，单击"符号"按钮，选择"其他符号"命令，打开"符号"对话框，在"字体"下拉列表框中选择"（普通文本）"选项，在"子集"下拉列表框中选择"几何图形符"选项，接着选择空心方框符号，如图 2-10 所示。单击"快捷键"按钮，打开"自定义键盘"对话框，如图 2-11 所示。

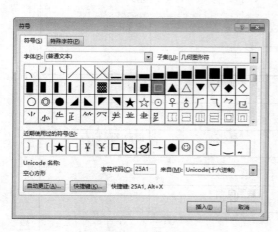

图 2-10 "符号"对话框

图 2-11 "自定义键盘"对话框

5）在"请按新快捷键"文本框中输入〈Ctrl+Q〉组合键，单击"指定"按钮，指定插入符号的快捷键，单击"关闭"按钮，回到"符号"对话框，之后单击"插入"和"关闭"按钮，完成指定符号的插入。

6）在表格中的"首次订购""邮政汇款""银行汇款""货到付款""普通包裹""送货上门"文本前的合适位置按〈Ctrl+Q〉组合键，插入空心方框符号，在"邮政编码："后按 6 次〈Ctrl＋Q〉组合键，插入 6 个空心方框符号，供用户填写邮政编码。

7）将插入点分别定位于"指定其他送货地址……"和"有特殊送货要求时请说明"文字前，再次打开"符号"对话框，在文字前面添加"★"符号。

8）选择"注意事项"右侧单元格中的所有内容，选择"开始"选项卡，通过"段落"功能组中的"项目符号"命令为其添加项目符号。

9）按住〈Ctrl〉键，选中表格中有说明性文字的单元格，选择"表格工具"→"布局"选项卡，在"对齐方式"功能组中单击"水平居中"按钮，将其对齐方式设置为水平居中对齐，如图 2-12 所示。

10）用相同的方法将"□会员订购"内容右对齐，为其他文本内容设置中部两端对齐。

11）选择"订购人资料"文本，选择"开始"选项卡，分别单击"段落"功能组中的"居中"按钮和"分散对齐"按钮，之后在"表格工具"→"布局"选项卡"对齐方式"功能组中单击"文字方向"按钮，将文本的方向改成"纵向"。

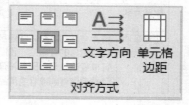

图 2-12 水平居中对齐

12）用同样的方法，将"收货人资料""订购图书资料""注意事项"几处文字进行适当的调整，最终结果如图 2-13 所示。

图书订购单

订购日期： 年 月 日				No:

<table>
<tr><td rowspan="5">订
购
人
资
料</td><td>□会员订购
□首次订购</td><td>会员编号</td><td>姓名</td><td>联系电话</td></tr>
<tr><td></td><td></td><td></td></tr>
<tr><td>姓名</td><td colspan="2">电子邮箱</td><td></td></tr>
<tr><td>联系电话</td><td colspan="2">身份证号</td><td></td></tr>
<tr><td>家族住址</td><td>省 市 县/区</td><td colspan="2">邮政编码：□□□□□□</td></tr>
</table>

<table>
<tr><td rowspan="4">收
货
人
资
料</td><td colspan="4">★指定其他送货地址或收货人时请填写</td></tr>
<tr><td>姓名</td><td></td><td>联系电话</td><td></td></tr>
<tr><td>送货地址</td><td colspan="3">省 市 县/区</td></tr>
<tr><td>备注</td><td colspan="3">★有特殊送货要求时请说明</td></tr>
</table>

<table>
<tr><td rowspan="9">订
购
图
书
资
料</td><td></td><td></td><td></td><td></td></tr>
<tr><td></td><td></td><td></td><td></td></tr>
<tr><td></td><td></td><td></td><td></td></tr>
<tr><td></td><td></td><td></td><td></td></tr>
<tr><td></td><td></td><td></td><td></td></tr>
<tr><td colspan="4">合计总金额： 元</td></tr>
<tr><td>付款方式</td><td>□邮政汇款</td><td>□银行汇款</td><td>□货到付款</td></tr>
<tr><td>配送方式</td><td>□普通包裹</td><td>□送货上门</td><td></td></tr>
</table>

注意事项	● 请务必详细填写，以便尽快为您服务。 ● 在收到您的订单后，我们的客服人员将会与您联系，确认此订单。 ● 订单经确认后，图书将保留5个工作日，如5个工作日后仍没收到您的汇款，我们将取消订单。 ● 若需咨询订购流程或商品信息，可以拨打本公司的免费订购与咨询电话：＊＊＊＊＊＊＊＊

图 2-13 插入符号和设置文字对齐方式后的效果图

2.2.4 设置表格的边框和底纹

完成表格的内容编辑后，就可以对表格的边框和底纹进行设置。具体操作步骤如下。

1）单击表格左上角的表格移动控制点符号选中整个表格。选择"表格工具"→"设计"选项卡，单击"边框"功能组中的"边框"按钮，在下拉列表中选择"边框和底纹"选项，打开"边框和底纹"对话框。在"边框"选项卡的"设置"栏中选择"虚框"选项，在

"样式"列表框中选择"双线"选项，如图 2-14 所示。单击"确定"按钮，整个表格的外侧边框线设置完成。

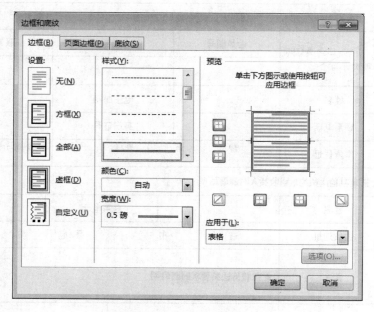

图 2-14 "边框和底纹"对话框

2）选中"订购人资料"栏目的全部单元格，用同样的方法打开"边框和底纹"对话框，在"样式"列表框中选择"双线"选项，单击两次"预览"栏中的"下框线"按钮，将此栏目的下边框设置成双线，以便与其他栏目分隔开。

3）使用步骤 2）的方法，为其他栏目设置双线型的下边框效果，如图 2-15 所示。

4）选择"订购人资料"单元格，选择"表格工具"→"设计"选项卡，单击"表格样式"功能组中的"底纹"按钮，在下拉列表中选择"白色，背景 1，深色 25％"选项，如图 2-16 所示，为此单元格添加底纹。

5）用同样的方法，为表格中其他说明性文字的单元格添加同样的底纹，"底纹"设置完成后的效果如图 2-17 所示。

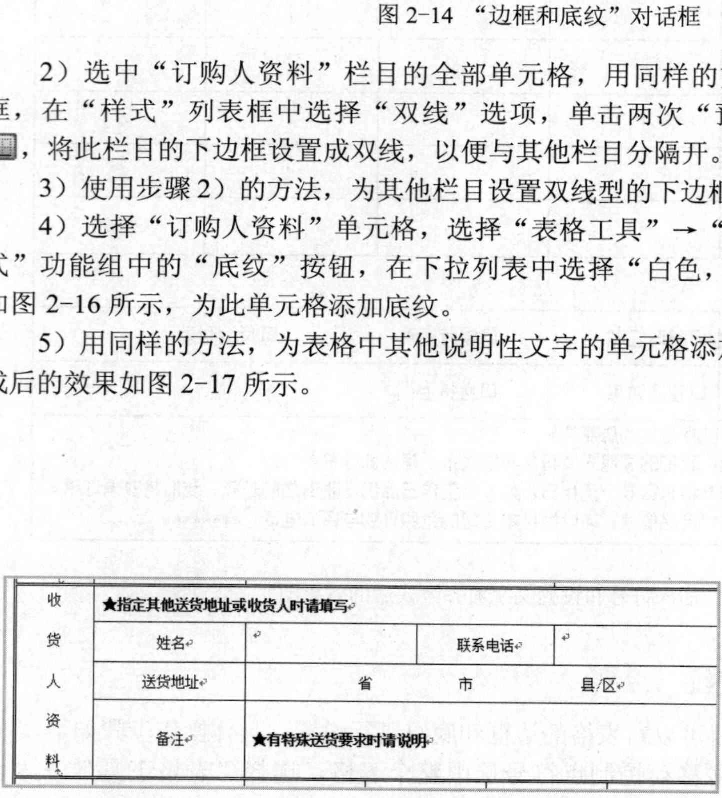

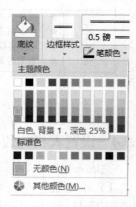

收 货 人 资 料	★指定其他送货地址或收货人时请填写		
	姓名	联系电话	
	送货地址	省　　　　市	县/区
	备注	★有特殊送货要求时请说明	

图 2-15 下边框效果图（部分）

图 2-16 "底纹"设置

图 2-17　底纹效果图（部分）

至此，一份空白图书订购单表格的绘制与美化工作结束。

2.2.5　表格中数据的计算

当表格中录入了订购商品的单价及数量时，可以利用 Word 提供的简易公式进行计算，得到单个商品的总金额及所有订购商品的金额。具体操作步骤如下。

1）在表格的"订购图书资料"栏中输入货号、图书名称、单价及数量，设置单元格内容的对齐方式，为包含说明性文字内容的单元格添加底纹，如图 2-18 所示。

订	货号	图书名称	单价（元）	数量（个）	金额（元）
购	W001	Word2016 教程	35	120	
图	X001	实用英语教程	26	180	
书	E002	Excel2016 技巧	15	150	
资	P003	PowerPoint2016 高级应用	45	145	
料	合计总金额：　　　　元				

图 2-18　购书信息输入完成后效果

2）将光标定位于货号为"W001"的最后一个单元格，即"金额（元）"下方的单元格，选择"表格工具"→"布局"选项卡，单击"数据"功能组中的"公式"按钮，如图 2-19 所示，弹出"公式"对话框。

3）删除"公式"文本框中的"SUM（LEFT）"，单击"粘贴函数"下拉列表框的下拉按钮，在下拉列表中选择"PRODUCT"选项。此函数的功能是将左边的数据进行乘积操作。设置 PRODUCT 函数的参数为"LEFT"，之后在"编号格式"下拉列表框中，选择"¥#,##0.00;(¥#,##0.00)"选项，如图 2-20 所示。设置完成后，单击"确定"按钮，完成货号为 W001 的图书金额的计算。

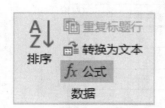

图 2-19 "公式"按钮

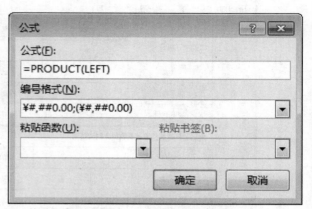

图 2-20 "公式"对话框

4）用同样的方法，为其他订购图书计算订购金额，如图 2-21 所示。

订购图书资料	货号	图书名称	单价（元）	数量（个）	金额（元）
	W001	Word2016 教程	35	120	¥4,200.00
	X001	实用英语教程	26	180	¥4,680.00
	E002	Excel2016 技巧	15	150	¥2,250.00
	P003	PowerPoint2016 高级应用	45	145	¥6,525.00
	合计总金额：	元			

图 2-21　计算各订购图书的金额

5）将插入点置于"合计总金额："后，打开"公式"对话框，使用默认公式"=SUM(ABOVE)"，在"编号格式"下拉列表框中，选择其中的"¥#,##0.00;(¥#,##0.00)"选项，单击"确定"按钮，计算出该订购单的总金额。

6）单击"保存"按钮，以"图书订购单"命名，将文档进行保存。

至此表格全部制作完成。

2.2.6　表格标题跨页设置

在日常工作中，经常会出现表格横跨两页的情况，要处理表格跨页时标题重复显示的问题，可以通过"表格属性"对话框来解决。具体操作步骤如下。

单击表格任意单元格，选择"表格工具"→"布局"选项卡，在"表"功能组中，单击"属性"按钮，打开"表格属性"对话框。选择"行"选项卡，在"选项"栏中选中"在各页顶端以标题行形式重复出现"复选框，如图 2-22 所示。单击"确定"按钮，即可实现表格标题跨页重复显示。

图 2-22 "表格属性"对话框

2.3 实例小结

本实例通过图书订购单的制作，介绍了表格的创建、单元格的合并与拆分、表格边框和底纹的设置、利用公式或函数进行计算等。实际操作中需要注意以下问题：

1）要对表格中的内容进行编辑，应先选中表格中相应的单元格。

2）当表格超过一页时，为了使表格美观，可以通过"表格工具"→"布局"选项卡"表"功能组中的"属性"按钮打开"表格属性"对话框。在打开的"表格属性"对话框中，单击"行"选项卡，取消选中"允许跨页断行"复选框，防止表格中的文本被分成两部分。

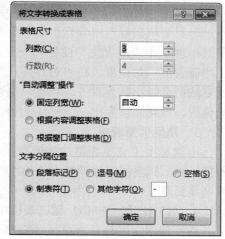

图 2-23 "将文字转换成表格"对话框

3）在 Word 2016 文档中，用户可以将 Word 表格中的指定单元格或整张表格转换为文本内容。可以通过"表格工具"→"布局"选项卡"数据"功能组中的"转换为文本"按钮实现。

4）在 Word 2016 文档中，用户也可以将文字转换成表格。其中的关键操作是使用分隔符号将文本合理分隔，Word 2016 能够识别常见的分隔符，如段落标记、制表符和逗号。操作方法如下。

在"插入"选项卡的"表格"功能组中单击"表格"按钮，并在下拉列表中选择"文本转换成表格"选项，弹出"将文字转换成表格"对话框，如图 2-23所示。使用默认的行数和列数，单击"确定"按钮，即可实现文字转换成表格。

2.4　经验技巧

2.4.1　录入技巧

轻松输入漂亮符号

在 Word 中经常看到一些漂亮的图形符号，像"☜""✌""👓"等，这些符号不是由图形粘贴得到的。Word 中有几种自带的字体可以产生这些漂亮、实用的图形符号。在需要产生这些符号的位置上，先把字体更改为"Wingdings""Wingdings2""Wingdings3"及其相关字体，然后试着在键盘上敲击键符，像"7""9""a"等，此时就产生这些漂亮的图形符号了。如把字体改为"Wingdings"，再在键盘上按〈d〉键，便会产生一个"Ω"图形。（注意区分大小写，大写得到的图形与小写得到的图形不同。）

2.4.2　表格技巧

1. 表格两边绕排文字

在表格右侧输入文字时，Word 2016 会将插入的文字自动添加到表格下一行的第一个单元格中，无法实现将文字添加在右侧。这时可以先选中表格的最后一列，然后用鼠标右击选中的单元格，从快捷菜单中选择"合并单元格"命令，将其合并成一个单元格，再右击并选择"边框和底纹"命令，选中"边框和底纹"对话框的"边框"选项卡，并从"设置"栏中选择"自定义"选项，然后用鼠标取消上、下、右边的边框，单击"确定"按钮返回文档，这样在该单元格输入的文字就会天衣无缝地绕排在表格的右边了。

如果想在表格左侧插入文字，则只要用鼠标选中表格最前一列单元格，并把它们合并成一个单元格，然后在"边框和底纹"对话框中取消上、下、左边的边框即可。

2. 让单元格数据以小数点对齐

有时用 Word 制作的统计表格中经常会包含带有小数点的数据，这时要对齐并不容易。不过，只要用鼠标选中含有小数点数据的某列单元格，并用鼠标在上方标尺处先单击一次，使其出现一个"制表位"图标（一个小折号），然后用鼠标双击这个"制表位"小图标，弹出"制表位"对话框，在"对齐方式"中选取"小数点对齐"方式，单击"确定"按钮后，所有数据会以小数点对齐。当然，也可以继续拖动标尺上的小数点对齐式制表符调整小数点的位置，直到满意为止。

3. 精确调整表格

用鼠标手工调整表格边线操作起来比较困难，无法精确调整。其实只要按住〈Alt〉键不放，然后试着用鼠标调整表格的边线，表格的标尺就会以 0.01 厘米的精度发生变化，精确度明显提高了。

4. 〈Ctrl〉和〈Shift〉键在表格中的妙用

通常情况下，拖动表格线可调整相邻的两列之间的列宽。按住〈Ctrl〉键的同时拖动表格线，表格列宽将改变，增加或减少的列宽由其右方的列共同分享或分担；按住〈Shift〉键的同时拖动表格线，只改变该表格线左方列的列宽，其右方列的列宽不变。

5. 将 Word 表格巧妙转换为 Excel 表格

打开带表格的 Word 文件，先将光标放在表格的任一单元格，在整个表格的左上角会出现一个"⊞"标志。把光标移到上面再单击，整个表格的字会变黑表示全部选中，单击鼠标右键，从快捷菜单中选择"复制"命令。然后打开 Excel，再单击鼠标右键，从快捷菜单中选择"选择性粘贴"命令，在出现的"选择性粘贴"对话框中有 6 项可选，选择"文本"并单击"确定"按钮即可将 Word 表格转换为 Excel 表格。

6. Word 也能"自动求和"

在编辑 Excel 工作表时，很多用户对常用工具栏中的"自动求和"按钮情有独钟。其实，在 Word 2016 的表格中，也可以使用"自动求和"功能。当然，这需要事先把该按钮调出来，其方法如下。

1）执行"文件"→"选项"菜单命令，打开"Word 选项"对话框。

2）选择"自定义功能区"选项，在右侧选择"所有命令"后选择"∑求和"选项，单击"添加"按钮。

3）单击"确定"按钮后关闭"Word 选项"对话框。

现在，把插入点置于存放和数的单元格之中，单击自定义快速访问工具栏中的"∑"（自动求和）按钮，则 Word 将计算并显示插入点所在的上方单元格中或左方单元格中数值的总和。当上方和左方都有数据时，优先上方求和。

7. 在 Word 中快速计算

用 Word 2016 进行文字编辑时，有时可能需要对文中的一些数据进行运算，或者核对算式中的结果是否正确。具体步骤如下。

将光标插入点移到文档中需要插入计算结果的地方后，单击"表格工具"→"布局"选项卡"数据"功能组中的"公式"按钮 f_x，打开"公式"对话框，在该对话框中的"="后面输入要计算的算式，最后单击"确定"按钮。如果说算式就是文档中的文字，那么就更简单了，只要先将文档中的算式复制，然后在"公式"对话框的"="后面粘贴即可。不过，这时的"粘贴"操作要用到〈Ctrl+V〉组合键。

8. 在 Word 表格中快速复制公式

在 Excel 中通过填充柄或粘贴公式可快速复制公式，而 Word 中没有此项功能，但是在用 Word 2016 制表时也经常要复制公式，这时可用下面两种方法实现公式的快速复制。

1）在制表时，在"插入"选项卡中单击"表格"按钮，在下拉列表中选择"Excel 电子表格"选项，将 Excel 表格嵌入 Word 中，这样表格就可利用填充柄和粘贴公式进行公式复制了，计算非常方便。

2）对某单元格进行公式计算后，不要进行任何操作，立即进入需要复制公式的单元格并按〈F4〉键即可。

9. 在表格顶端加空行

要在表格顶端加一个非表格的空白行，可以使用〈Ctrl+Shift+Enter〉组合键，通过拆分表格来完成。但当表格位于文档的最顶端时，有一个更为简捷的方法，就是先把插入点移到表格的第一行第一个单元格的前面，然后按〈Enter〉键，此时会添加一个空白行。

10．锁定 Word 表格标题栏

Word 2016 提供给用户一个可以用来拆分编辑窗口的“分割条”。该“分割条”位于垂直滚动条的顶端。要使表格顶部的标题栏始终处于可见状态，可将鼠标指针指向垂直滚动条顶端的“分割条”，当鼠标指针变为分割指针（双箭头）后，按住鼠标左键将“分割条”向下拖至所需的位置，并释放左键。此时，Word 编辑窗口被拆分为上下两部分，这就是两个“窗格”。在下面的“窗格”任一处单击，就可对表格进行编辑操作，而不用担心上面窗格中的表格标题栏会移出屏幕可视范围之外了。要将一分为二的两个“窗格”还原成一个窗口，可在任意点双击“分割条”。

2.5 拓展练习

1．请根据图 2-24 所示练习样图，制作面试成绩表。

面试成绩表

<table>
<tr><td>面试职位</td><td></td><td>姓名</td><td></td><td>年龄</td><td></td><td>面试编号</td><td></td></tr>
<tr><td>居住地</td><td colspan="3"></td><td>联系方式</td><td colspan="3"></td></tr>
<tr><td>时间</td><td></td><td>毕业学校</td><td></td><td>专业</td><td colspan="3"></td></tr>
<tr><td>学历</td><td></td><td>期望月薪</td><td></td><td>专长</td><td colspan="3"></td></tr>
<tr><td colspan="8">工作经验</td></tr>
<tr><td colspan="8"></td></tr>
<tr><td colspan="8">面试考评</td></tr>
<tr><td colspan="3">问题</td><td colspan="2">回答</td><td colspan="3">评分（分数）</td></tr>
<tr><td colspan="3">1</td><td colspan="2"></td><td>理由</td><td colspan="2"></td></tr>
<tr><td colspan="3">2</td><td colspan="2"></td><td>理由</td><td colspan="2"></td></tr>
<tr><td colspan="3">3</td><td colspan="2"></td><td>理由</td><td colspan="2"></td></tr>
<tr><td colspan="3">综合评定（分数）
A B C D E</td><td colspan="2">考官评语</td><td>分数总计</td><td colspan="2"></td></tr>
</table>

图 2-24　练习样图

2. 制作个人简历，效果如图 2-25 所示。

简历表格				
姓名		性别		贴相片
出生年月		籍贯		贴相片
政治面貌		民族		贴相片
家庭住址		身份证号码		
联系电话		E-mail		
学历		专业		
毕业院校				
求职意向				
主要课程				
个人能力				

学习、工作经历	起止时间	工作单位及职务	岗位职责及业绩表现

英语、计算机水平	
兴趣及爱好	
个人评价	

图 2-25　个人简历

实例 3　面试流程图制作

3.1　实例简介

3.1.1　实例需求与展示

四方网络有限公司近期将要招聘一批新员工，新员工的面试工作由公司人事处负责，人事处秘书小李在此次工作中负责面试流程图的制作。通过使用艺术字设置、自选图形编辑等操作，小李完成了此次任务。面试流程图效果如图 3-1 所示。

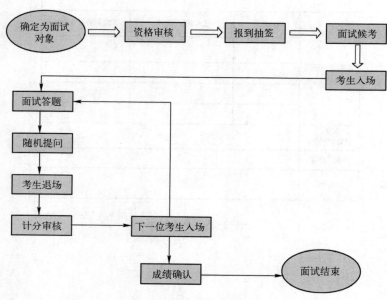

图 3-1　面试流程图效果图

3.1.2　知识技能目标

本实例涉及知识点主要有：利用艺术字制作面试流程图标题、绘制和编辑自选图形、流程图主体框架的制作、绘制连接符。

知识技能目标：

- 掌握面试流程图标题的制作。
- 掌握自选图形的绘制和编辑。

- 掌握流程图主体框架的绘制。
- 掌握连接符的绘制。
- 掌握艺术字的添加和设置。

3.2 实例实现

流程图可以使一些复杂的数据更加清楚明。流程图的制作步骤大致如下。

1）页面和段落的设置。

2）制作流程图标题。

3）绘制主体框架。

4）绘制连接符。

5）添加说明性文字。

6）美化流程图。

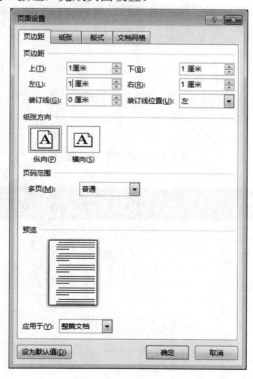

制作标题与
绘制自选
图形

3.2.1 制作面试流程图标题

为了使流程图有较大的绘制空间，在制作之前需要先设置文档页面。具体操作步骤如下。

1）启动 Word 2016，新建一个空白文档。

2）选择"布局"选项卡，单击"页面设置"功能组的中的"页边距"按钮，在下拉列表中选择"自定义边距"选项，打开"页面设置"对话框。

3）将"页边距"选项卡中的上、下、左、右边距均设置为"1 厘米"，如图 3-2 所示。设置完成后，单击"确定"按钮，完成页面设置。

图 3-2　页面设置

页面设置完成以后，将光标移至首行，通过添加艺术字制作流程图标题，操作步骤如下。

1）选择"插入"选项卡，在"文本"功能组中，单击"艺术字"按钮，在下拉列表的样式中选择"填充：蓝色，主题色 1；阴影"艺术字样式，如图 3-3 所示。文档中将自动插入默认文字"请在此处放置您的文字"的所选样式的艺术字。

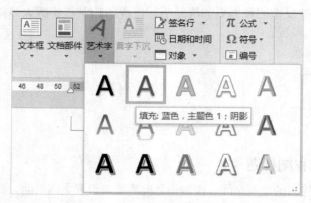

图 3-3　选择艺术字样式

2）将"请在此处放置您的文字"修改为"面试流程图"。

3）选中"面试流程图"字样，选择"开始"选项卡，在"字体"功能组中，将艺术字字体设置为"宋体"，字号设置为"小初"，加粗，居中对齐，字体颜色设置为"红色"，如图 3-4 所示。利用鼠标调整艺术字位置为文档首行居中。至此，标题制作完成，如图 3-5 所示。

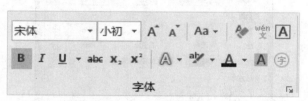

图 3-4　艺术字字体设置

图 3-5　艺术字设置完成后效果

3.2.2　绘制和编辑自选图形

本实例的效果图中包含矩形、椭圆、线条、箭头等图形，这些图形对象都是 Word 文档的组成部分。在"插入"选项卡的"插图"功能组中单击"形状"按钮，其弹出的下拉列表中包含了上百种自选图形对象。通过使用这些对象可以在文档中绘制出各种各样的图形。以实例中的椭圆形对象为例，实现实例中的效果，具体操作步骤如下。

1）选择"插入"选项卡，在"插图"功能组中单击"形状"按钮，在弹出的下拉列表中选择椭圆，如图 3-6 所示。

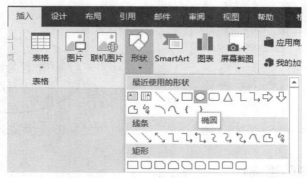

图 3-6　选择形状

2）此时鼠标指针会变成十字指针，在需要插入图形的位置按住鼠标左键并拖动，直至对图形的大小满意后松开鼠标左键。

3）选中刚刚画好的椭圆，选择"绘图工具"→"格式"选项卡，在"形状样式"功能组中单击"形状填充"按钮，在弹出的下拉列表中选择"主题颜色"为标准色中的"浅绿"选项，如图 3-7 所示。

4）在"形状样式"功能组中单击"形状轮廓"按钮，在弹出的下拉列表中选择"主题颜色"为"黑色"，"粗细"为"1.5 磅"，如图 3-8 所示。

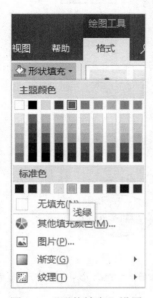

图 3-7　"形状填充"设置

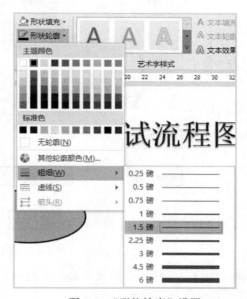

图 3-8　"形状轮廓"设置

5）在该图形上右击鼠标，在弹出的快捷菜单中选择"添加文字"命令，如图 3-9 所示。

6）输入文字"确定为面试对象"，输入完成后，选中输入文本内容，选择"开始"选项卡，在"字体"功能组将所选文本字体设置为"宋体"，"字号"设置为"五号"，加粗，黑色。文本设置完成效果如图 3-10 所示。

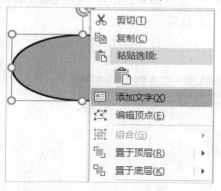

图 3-9 "添加文字"命令

图 3-10 文本设置完成效果图

3.2.3 流程图主体框架绘制

绘制流程图
主体框架

所谓绘制框架就是画出图形并将图形进行布局。绘制流程图框架的操作步骤如下。

1）将光标移到面试流程图标题的下一行。

2）通过第 3.2.2 节所讲述的方法绘制出流程图中的基本图形，并添加文字。其中矩形的填充颜色为"蓝色，个性 5，淡色 60％"、形状轮廓颜色为黑色、粗细为 1.5 磅。

3）调整各图形的位置，形成主体框架图，如图 3-11 所示。

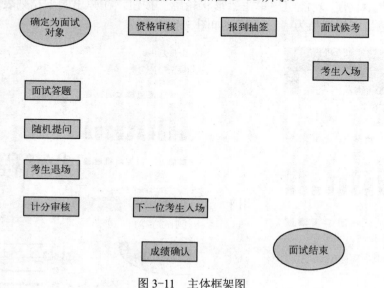

图 3-11 主体框架图

注意：此任务流程图中的矩形部分大致相同，可以先绘制一个图形，之后用复制-粘贴的方法实现其他矩形的绘制。

3.2.4 绘制连接符

主体框架设置好后，在流程图的各个图形之间添加连接符，可以让阅读者更清晰、准确地看到面试工作流程的走向。添加连接符的操作步骤如下。

1）选择"插入"选项卡，单击"形状"按钮，在下拉列表中选择"箭头总汇"类型中的"右箭头" ⟹，并绘制到"确定为面试对象"与"资格审核"图形之间。设置形状无填充颜色、形状轮廓为 1.5 磅黑色框线。

2）用同样的方法绘制其他的"右箭头"和"下箭头"。

3）再次单击"插入"选项卡中的"形状"按钮，在下拉列表中选择"线条"类型中的"箭头" ⟶，设置箭头图形为 1.5 磅黑色框线，绘制流程图中的直线箭头连接符。

4）选择"插入"选项卡，单击"形状"按钮，在下拉列表中选择"线条"类型中的"肘形箭头连接符"。在"下一位考生入场"和"面试答题"形状之间添加一个肘形箭头，设置图形为 1.5 磅黑色框线。

5）"肘形箭头连接符"添加完成后，可以看到连线上有一个黄色控点，利用鼠标拖动这个控点可以调整肘形线的幅度，如图 3-12 所示。

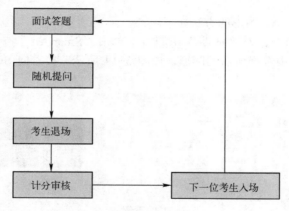

图 3-12　添加的肘形箭头连接符

6）调整连接符的位置，使整个流程图简洁美观。

7）保存文档。

至此，面试流程图制作完成。

3.3　实例小结

流程图在日常生活中很常见，它用来说明某一个过程。本实例中的面试流程图主要使用了 Word 中的形状插入和基本设置，通过本实例的学习，读者应掌握自选图形的插入与设置、连接符的绘制。在实际操作中需要注意以下几个问题。

1）在制作流程图之前，应先画好草图，这样将使流程图的制作比较轻松。

2）流程图制作完成以后，还可以通过右击图形，在弹出的快捷菜单中选择"设置形状格式"命令，打开"设置形状格式"窗格，如图 3-13 所示。通过窗格中的"填充""线条"等选项对图形进行美化。读者可以通过拓展练习中的题目来练习设置。

图 3-13 "设置形状格式"窗格

3）SmartArt 图形。SmartArt 图形是信息和观点的视觉表现形式，主要用于演示流程、层次结构、循环和关系。

在文档中插入 SmartArt 图形的方法如下。

选择"插入"选项卡，在"插图"功能组中单击"SmartArt"按钮，在弹出的"选择 SmartArt 图形"对话框中选择所需的图形，如图 3-14 所示。接着向 SmartArt 图形中输入文字或插入图片。

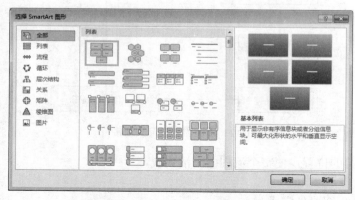

图 3-14 "选择 SmartArt 图形"对话框

3.4 经验技巧

3.4.1 录入技巧

1. 用鼠标实现即点即输

在 Word 中编辑文件时，有时要在文件的最后几行输入内容，通常都是采用多按几次〈Enter〉键或空格键，才能将光标移至目标位置。这种在文件末尾没有使用过的空白页中来定位时，其实可以通过鼠标左键双击来实现。

具体操作步骤如下。

执行"文件"→"选项"菜单命令，打开"Word 选项"对话框；在左侧选择"高级"，在右侧"编辑选项"栏中，选中"启用'即点即输'"复选框，这样就可以实现在文件的空白区域通过双击鼠标左键来定位光标了。

2．上下标在字符后同时出现的输入技巧

有时想同时为一个前导字符输入上、下标，如 S_{10}^{n}（n 为上标，10 为下标），如果采取通常的做法，既麻烦又不美观和统一（上、下标的位置不能对齐）。利用"双行合一"功能就可以解决这个问题了。

先输入"Sn10"，然后选中"n10"，再选择"开始"选项卡，在"段落"功能组中单击"中文版式"按钮，从下拉列表中选择"双行合一"选项，打开"双行合一"对话框；在 n 与 10 之间加入一个空格，从"预览"窗口中观察一下，符合要求后单击"确定"按钮即可。

3.4.2 绘图技巧

1．画标准直线的技巧

如果想画水平直线、垂直直线或倾斜 30°角的直线，则固定一个端点后按住〈Shift〉键上下拖动鼠标，将会出现上述几种直线选择，合适后松开〈Shift〉键即可。

画极短直线（坐标轴上的刻度线段）的方法如下：

先在"插入"选项卡"插图"功能组中单击"形状"按钮，在下拉列表中选择"矩形"工具，拖动鼠标画出矩形后，右击该矩形，从弹出的快捷菜单中选择"设置自选图形格式"命令，在"设置自选图形格式"对话框中将"高度"设置为"0 厘米"，"宽度"设置为"0.1 厘米"。

2．〈Ctrl〉键在绘图中的作用

〈Ctrl〉键可以在绘图时发挥巨大的作用。在按住〈Ctrl〉键的同时拖动绘图工具，所绘制出的图形是用户画出的图形对角线的两倍；在按住〈Ctrl〉键的同时调整所绘制图形大小，可使图形在编辑中心不变的情况下进行缩放。

3．快速排列图形

如果想在一篇文档中使图形获得满意的效果，比如将几个图形排列得非常整齐，可能需要费一番工夫，但是用下面的方法能够非常容易地完成这项工作。

首先通过按住〈Shift〉键并依次单击想对齐的每一个图形来选中它们，然后选择"绘图工具"→"格式"选项卡，在"排列"功能组中单击"对齐"按钮，再从下拉列表中选择相应的对齐或分布的方法。

4．新建绘图画布

打开 Word 2016 文档窗口，选择"插入"选项卡，在"插图"功能组中单击"形状"按钮，在下拉列表中选择"新建绘图画布"选项。绘图画布将根据页面大小自动被插入到 Word 2016 文档中。

5．画点

在绘图时，怎样把点画得非常美观呢？

操作方法如下。

在"插入"选项卡中选择"椭圆"工具，同时按住〈Shift〉键和〈Ctrl〉键，用鼠标拖动绘出一个小正圆，右击该圆，在快捷菜单中选择"设置自选图形格式"命令，在"设置自选图形格式"对话框中，填充"黑"色，同时还可以调整圆点的大小。

6．重复使用同一绘图工具

在画图的时候，有时需要连续重复使用同一绘图工具，但是，在一般情况下，选择某一绘图工具后，可绘制相应的图形，只能使用一次。那么，怎样连续多次使用同一绘图工具呢？

可在相应的绘图工具按钮上双击，此时按钮将一直锁定在"按下"状态，当不需要该工具时，可用鼠标在相应的绘图工具按钮上单击或按〈Esc〉键。如果接着换用其他的工具，则直接单击要使用的工具按钮，同时释放原来多次使用的绘图工具。

3.4.3　排版技巧

1．文字旋转轻松做

在 Word 中可以通过"文字方向"命令改变文字的方向，但也可以用以下简捷的方法来做。选中要设置的文字内容，只要把字体设置成"@字体"即可，比如"@宋体"或"@黑体"，这样就可以使这些文字逆时针旋转 90°了。

2．让 Word 文档"原文重现"

如果在 Word 2016 中使用了特殊字体，在转发给别人时，如果对方的计算机中未安装该字体，则根本看不到文件内的特殊字体或者出现错误提示。此时最好的解决方式就是使用字体嵌入功能。

执行"文件"→"选项"菜单命令，在"Word 选项"对话框中选择"保存"选项，选中"将字体嵌入文件"复选框，最后单击"确定"按钮即可。

3．在 Word 中简单设置上标

首先选中需要做上标的文字，然后按〈Ctrl〉+〈Shift〉+〈+〉组合键就可以将文字设置为上标，再按一次又恢复到原始状态；按〈Ctrl〉+〈+〉组合键可以将文字设置为下标，再按一次也恢复到原始状态。

3.5　拓展练习

1．绘制如图 3-15 所示的建设工程施工管理流程图。

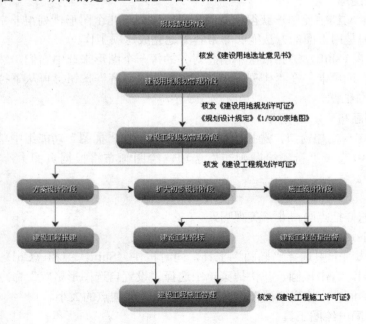

图 3-15　建设工程施工管理流程图

2. 绘制如图 3-16 所示的请假流程图。

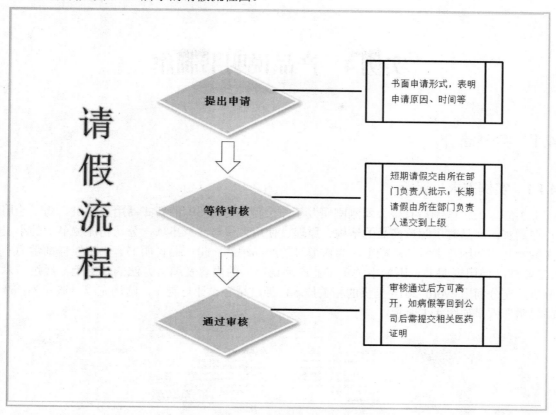

图 3-16　请假流程图

实例4 产品说明书制作

4.1 实例简介

4.1.1 实例需求与展示

上海蓝天机械制造有限公司刚刚研发了一台型号为 T-30 的新式商用豆浆机。为了让用户在购买该产品时了解该产品的结构、原理、使用方法与注意事项，公司指派秘书部的小王在参考文字和图片素材的基础上，为该型号的产品编制一份产品说明书。小王在仔细学习了《工业产品使用说明书总则》中关于工业产品说明书的内容及编写方法的基础上，经过技术分析，充分利用 Word 2016 提供的相关技术，经过精心设计与制作，圆满完成了该任务。产品说明书效果如图 4-1 所示。

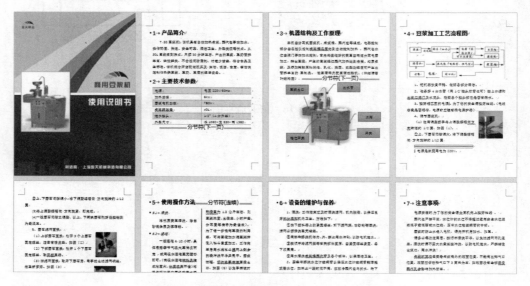

图 4-1　产品说明书效果图（部分）

4.1.2 知识技能目标

本实例涉及的知识点主要有：Word 模板的创建、页面设置、样式的修改和应用、分隔符的使用、分栏操作、图片插入、图文混排、图形标注的添加，以及添加注释操作。

知识技能目标：

- 掌握 Word 2016 文档模板的制作。
- 掌握样式的修改和应用。

- 掌握分页和分栏操作。
- 掌握 Word 2016 中的图文混排。
- 掌握图形标注的添加。
- 掌握注释的添加。

4.2　实例实现

说明书必须具备以下特色与要求：
- 封面设计简洁且突出重点，包含公司名称、产品型号、文档名称与产品图片等元素。
- 根据公司产品开发的需要，定制出适合以后研发产品使用的说明书模板。
- 在说明书中插入图片，使其具有美观的图文混排效果。
- 不同的主题或者重点排在不同的页面上。
- 对于产品结构的介绍，以标注的形式展示。
- 将繁多的内容分栏排版。
- 重点术语或者词组插入注释。

创建说明书
模板

4.2.1　创建说明书模板

创建模板文件前，要设置好页面大小、样式等基础格式，然后将文档以".dotx"格式进行保存。套用模板时，只需打开模板文件，然后将其保存成".docx"格式的文件即可。具体操作步骤如下。

1）启动 Word 2016，创建一个空白文档，并进行页面设置，打开"页面设置"对话框，选择"纸张"选项卡，将"纸张大小"设置为"自定义大小"，设置"宽度""高度"微调框的值分别为"10.5 厘米"和"14.8 厘米"，如图 4-2 所示。选择"页边距"选项卡，将"页边距"的上、下微调框的值都设置为"1.27 厘米"，左、右微调框的值都设置为"1 厘米"，"纸张方向"设置为"纵向"，如图 4-3 所示，单击"确定"按钮，完成文档的页面设置。

图 4-2　"纸张"选项卡

图 4-3　"页边距"选项卡

2）选择"开始"选项卡，单击"样式"功能组右下角的对话框启动器按钮，打开"样式"任务窗格，单击列表中的"标题 1"选项右侧的下拉按钮，在下拉列表中选择"修改"选项，打开"修改样式"对话框。在"格式"栏中，将"字体"下拉列表框的值设置为"宋体"、"字号"下拉列表框的值设置为"四号"，如图 4-4 所示。

3）单击对话框中的"格式"按钮，在弹出的下拉列表中选择"段落"选项，打开"段落"对话框。在"缩进"栏中，将"特殊格式"下拉列表框的值设置为"悬挂缩进"，并将"缩进值"微调框的值修改为"0.74 厘米"；在"间距"栏中，将"段前""段后"微调框的值设置为"0 行"，在"行距"下拉列表框中选择"最小值"选项，并将"设置值"微调框的值设置为"12 磅"，如图 4-5 所示。设置完成后，单击"确定"按钮，返回"修改样式"对话框，再次单击"确定"按钮，完成对"标题 1"样式的修改。

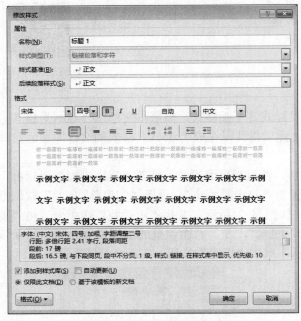

图 4-4 "修改样式"对话框

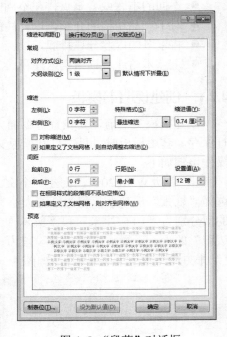

图 4-5 "段落"对话框

4）使用同样的方法，将"标题 2"样式的格式进行如下设置：字体设置为"宋体"，字号设置为"五号"，文字倾斜、不加粗；段落的对齐方式设置为"两端对齐"，段前、段后间距设置为"3 磅"，行距设置为"单倍行距"。

5）将"正文"样式的格式进行如下设置：字体设置为"宋体"，字号设置为"小五号"；段落的对齐方式设置为"两端对齐"；为段落设置"首行缩进"，缩进值为"2 字符"。

6）按〈Ctrl+S〉组合键，打开"另存为"对话框，设置文档保存的路径，在"保存类型"下拉列表框中选择"Word 模板"选项，在"文件名"文本框中输入文字"说明书模板"，如图 4-6 所示。单击"保存"按钮，将文档保存成模板文件。

图 4-6 "另存为"对话框

4.2.2 添加说明书内容并分页

在撰写文件时，通常会将指定内容编排在同一页上，以保证页面的美观。在编制说明书前，需要预算各页面容纳的内容，以便做出最佳的分页处理。具体操作步骤如下。

添加说明书内容并分页

1）在保存说明书模板的文件夹中双击文件"说明书模板.dotx"，Word 2016 以该模板创建了名称为"文档 1"的空白文档。打开"样式"任务窗格，单击其中的"正文"样式，然后在编辑区输入说明书的所有标题。文字输入完成后效果如图 4-7 所示。

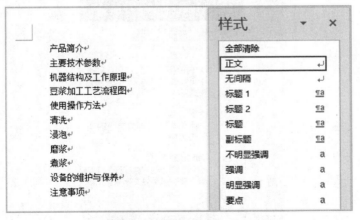

图 4-7 文字输入完成后效果图

2）按住〈Ctrl〉键不放，选择除"清洗""浸泡""磨浆"和"煮浆"外的文字，然后单击"样式"任务窗格中的"标题 1"样式。

3）选择"清洗""浸泡""磨浆"和"煮浆"文字，为其套用"标题 2"样式。

4）按〈Ctrl+A〉组合键选取全部文档内容，利用标尺取消文本的首行缩进。选择"开始"选项卡，单击"段落"功能组中的"多级列表"按钮，在下拉列表中选择"列表库"第一行第二个多级列表选项，如图 4-8 所示。

图 4-8 选择多级列表样式

5）将插入点定位于标题文字"产品简介"之前，切换到"布局"选项卡，单击"页面设置"功能组中的"分隔符"按钮，从下拉列表中选择"分节符"栏中的"下一页"选项，如图 4-9 所示。

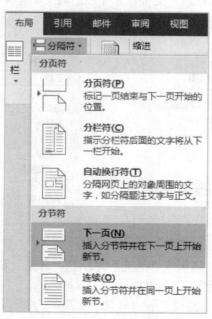

图 4-9 插入"下一页"分隔符

此时，文档被分为两节：第一节为空白页，将用于插入封面；第二节用于编辑说明书的内容。

6）将插入点移至标题文字"主要技术参数"之后，选择"布局"选项卡，单击"页面设置"功能组中的"分隔符"按钮，在下拉列表中选择"下一页"选项。此时，在新页的页首会插入一空行，按〈Delete〉键将其删除。

7）使用同样的方法，将"3. 机器结构及工作原理""4. 豆浆加工工艺流程图""5. 使用操作方式""6. 设备的维护与保养"和"7. 注意事项"等内容分隔成独立的页面，效果如图4-10所示。

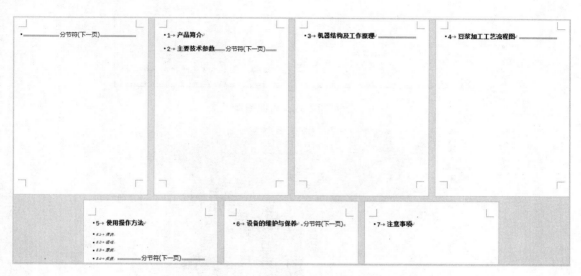

图4-10　将内容分页后的效果

4.2.3　制作说明书封面

制作封面与图文混排

分页后文档的第一页是空白页，用于制作说明书的封面。具体操作步骤如下。

1）将插入点移至首页，选择"开始"选项卡，单击"段落"功能组中的"显示/隐藏编辑标记"按钮，使其处于按下状态。将插入点定位于文字"分节符（下一页）"所在行的最左侧，接着单击"样式"任务窗格中"正文"选项，清除空白页中的"标题1"样式。

2）选择"插入"选项卡，单击"插图"功能组中的"图片"按钮，在打开的"插入图片"对话框中找到"素材"文件夹，选择图片文件"封面.jpg"，如图4-11所示，单击"插入"按钮，将图片插入到文档中。

3）选择插入的图片，选择"图片工具"→"格式"选项卡，将"大小"功能组中的"高度"微调框的值设置为"14.8 厘米"，使图片与页面具有相同的尺寸。单击"排列"功能组中的"环绕文字"按钮，在下拉列表中选择"浮于文字上方"选项，单击"对齐"按钮，在下拉列表中选择"水平居中"和"垂直居中"选项。调整后的说明书封面效果如图4-12所示。

图 4-11　选择封面图片

图 4-12　说明书封面效果图

4.2.4　分栏

对文档部分内容进行分栏排版，不但易于阅读，还能有效利用纸张的空白区域。可以考虑将"清洗""浸泡""磨浆"和"煮浆" 4 个主题的内容设置成双栏版式，并在栏间添加分隔线。具体操作步骤如下。

1）将文字素材复制到文档相应的位置，效果如图4-13所示。

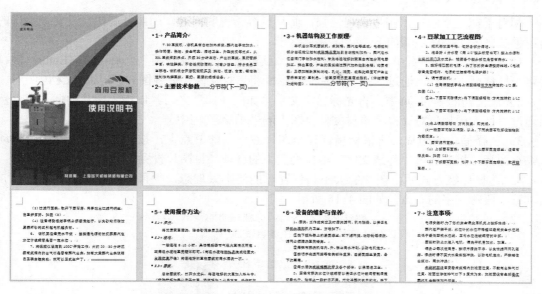

图4-13　文字素材添加到文档后的效果（部分）

2）将插入点移至第 6 页的标题"5．使用操作方式"的内容之后，选择"布局"选项卡，单击"页面设置"功能组中的"分隔符"按钮，在下拉列表中选择"连续"选项，使该标题的内容不受分栏影响。

3）按〈Delete〉键将光标处的空行删除，接着选择要分栏的内容，单击"页面设置"功能组中的"栏"按钮，在下拉列表中选择"更多栏"选项，打开"栏"对话框。在"预设"栏中选择"两栏"样式，接着选中"分隔线"复选框，如图 4-14 所示，单击"确定"按钮，完成所选内容的分栏操作。

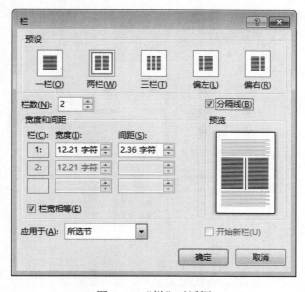

图4-14　"栏"对话框

4.2.5 管理图文混排

相对于纯文字而言,图片直观性强,而且更容易说明问题,因此使用图片是文档编排的常用手法之一。操作步骤如下。

1)在文档的第 4 页中,将光标移至"4. 豆浆加工工艺流程图"之后,按〈Enter〉键,并将光标移至下一行,通过"插入图片"对话框将素材文件"流程图.jpg"插入文档中。

2)在文档的第 4 页中,将光标移至文字"如图(1)"之后,以指定图片的插入点,然后通过"插入图片"对话框将素材文件"图 1.jpg"插入文档中。

3)选择插入的图片,将鼠标指针移至图片右下角的节点上,按住左键并向左上角拖动以缩小图片。接着通过"环绕文字"下拉列表中的选项,将图片设置为"紧密型环绕"。

4)选择环绕方式后,图片的大小和位置可能还不太理想,须再次调整图片的大小,并将其移至段落文字的右方,如图 4-15 所示。

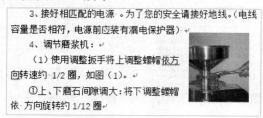

图 4-15 设置紧密型环绕效果图

5)用同样的方法,将素材图片"图 2.jpg"和"图 3.jpg"插入到第 5 页中"如图(2)""如图(3)"的相应位置,将其环绕方式设置为"紧密型环绕",适当调整图片的位置和大小。

为了使图片与文本更加紧凑,可以进行如下操作。

选中图片,选择"图片工具"→"格式"选项卡,单击"排列"功能组中的"位置"按钮,在下拉列表中选择"其他布局选项"选项,打开"布局"对话框。选择"文字环绕"选项卡,将"距正文"栏中"上""下""左""右"4 个微调框的值都设置为选择"0 厘米",如图 4-16 所示,然后单击"确定"按钮。

图 4-16 设置图片与文字的距离

6）如果图片的边缘留有较多的空白区域，无论设置得多么紧密，都会显得疏松。此时，可以对图片的环绕顶点进行编辑，以达到将文字紧密环绕图片主体部分的目的。可以通过选择"格式"选项卡，将其设置为"四周型环绕"，然后在"环绕文字"下拉列表中选择"编辑环绕顶点"选项实现。

4.2.6 制作说明书图表

制作说明书图表

一般的产品说明书都以表格的形式介绍产品的配置与规格。具体操作步骤如下。

1）将插入点置于文字"主要技术参数"之后，选择"插入"选项卡，单击"表格"功能组中的"表格"按钮，在下拉列表中选择"插入表格"选项，打开"插入表格"对话框，将"列数""行数"微调框的值分别设置为"2"和"6"，如图 4-17 所示。单击"确定"按钮，完成表格的初步制作。

2）将光标定位于表格的单元格中，选择"表格工具"→"设计"选项卡，在"表格样式选项"功能组中，取消"标题行"和"第一列"复选框的选中；在"表格样式"功能组中选择"网格表 2-着色 1"选项，如图 4-18 所示。

图 4-17 "插入表格"对话框

图 4-18 设置表格样式和格式

3）在表格中输入各项规格的文本内容，如图 4-19 所示。

电源	电压 220V/50Hz
加热功率	6kW
磨浆电机功率	750W
煮浆锅容量	40L
进水接头	1/2"（4 分外丝）
外型尺寸	长 1080mm×宽 530mm×高 1350mm

图 4-19 输入表格内容

4.2.7 插入图形标注

标注用于对产品的使用方法或结构进行说明。通过插入自选图形，可以为文档的指定部分添加标注图形。具体操作步骤如下。

1）将素材图片"T-30.jpg"插入到"3．机器结构及工作原理"的内容之后，设置图片环绕文字方式为"四周型"，并调整图片大小。

2）选择"插入"选项卡，单击"插图"选项组中的"形状"按钮，在下拉列表中选择"标注：弯曲线型"样式。

3）在刚插入的图片附近按住左键并拖动鼠标，然后将标注点拖到图片的出水管处，接着调整标注框的大小，并输入文字"出水管"，使其居中对齐。在拖动过程中可以配合〈Alt〉键以设定图框的大小。

4）单击标注框的边框，选择"绘图工具"→"格式"选项卡，在"形状样式"功能组中，单击"主题填充"列表框的其他按钮，在弹出的下拉列表中选择"细微效果-蓝色，强调颜色 1"选项，如图 4-20 所示。

5）在"绘图工具"→"格式"选项卡中，单击"形状轮廓"按钮，在弹出的下拉列表中选择"箭头"→"其他箭头"选项，打开"设置形状格式"窗格，将"结尾箭头类型"下拉列表框设置为"圆形箭头"，如图 4-21 所示。"出水管"标注框设置完成。

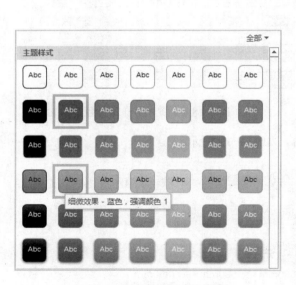

图 4-20　"主题样式"设置

图 4-21　设置标注图形的格式

6）按住〈Ctrl〉键不放，拖动制作好的标注图形进行快速复制操作，接着拖动黄色标注点以调整标注线的指向和位置，最后将标注框中的文字修改为"水箱"。使用相同的方法制作出其余的 4 个标注图形，并将其中的文字分别修改为"开关""挡位开关""出水管"和"豆浆出口"，根据图框中的文字调整标注的大小，效果如图 4-22 所示。

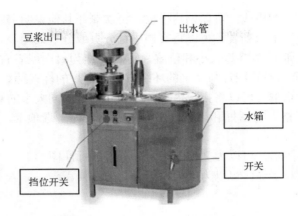

图 4-22　标注图形制作完成后的效果图

4.2.8　添加注释

在说明书中通常会出现一些专业术语，可以通过添加注释的方式对它们进行说明。在实例中为电源添加脚注，为介绍 T-30 豆浆机的起源添加尾注。具体操作步骤如下。

1）将插入点定位于文档第 4 页中"接好相匹配的电源"文本之后，选择"引用"选项卡，单击"脚注"功能组中的"插入脚注"按钮，如图 4-23 所示。在光标处输入脚注文本"电源是家庭用电，220V。"，如图 4-24 所示。

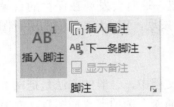

图 4-23　"插入脚注"按钮

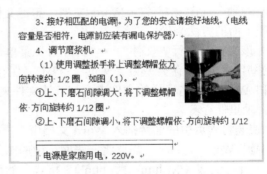

图 4-24　插入脚注后效果图

2）在文档的第 2 页选择正文文字"T-30 豆浆机"，选择"引用"选项卡，单击"脚注"功能组中的"插入尾注"按钮，在光标处输入尾注内容："20 世纪初期，经过国研人的不断创新，国研首台全自动豆腐豆浆机出现在人们的生活中。"。

3）以"豆浆机说明书"命名，保存文件。

至此，豆浆机的说明书制作完成。

4.3　实例小结

通过对产品说明书的制作，学习了 Word 模板的创建、图文混排、分栏、分页和分节操作。对于这种产品说明书类的制作过程简单总结如下。

1）说明书有其特有的格式，可以创建模板，再次制作其他说明书时，可以套用模板。

2）通过"分隔符"下拉列表，可以将文档进行分页或分节处理。

3）插入图片后，通过调整其大小和位置，可将其作为封面或者背景。在"图片工具"→"格式"选项卡中可以设置图片与文字的环绕方式、图片的样式等。

4）通过"栏"对话框，可以将指定内容分成相同或者不同大小的双栏或多栏。

5）通过"插入表格"对话框和"表格工具"→"设计"选项卡，可以快速创建具有特定样式效果的表格。

6）通过插入自选图形，可以为文档的指定部分添加标注图形。

7）通过插入脚注和尾注，可以为文档添加必要的注释。

4.4 经验技巧

4.4.1 图片技巧

1．快速显示文档中的图片

如果一篇 Word 文档中有多张图片，打开文件速度会很慢。但打开文档时，快速单击"打印预览和打印"按钮，图片就会立刻清晰地显示出来，然后关闭"打印预览"窗口，所有插入的图片都会快速地显示出来。

2．巧存 Word 文档中的图片

有时看到一篇图文并茂的 Word 文档，想把文档里的所有图片保存到自己的计算机里，可以按照下面的方法来做。

打开该文档，执行"文件"→"另存为"菜单命令，打开"另存为"对话框，指定一个新的文件名，选择保存类型为"网页"，单击"保存"按钮，这时会发现在保存的目录下多了一个和 Web 文件名一样的文件夹。打开该文件夹，就会发现，Word 文档中的所有图片都在这个目录里保存着。

3．快速将网页中的图片插入 Word 文档中

在编辑 Word 文档时，需要将一张网页中的图片插入文档中，一般的方法是把网页另存为"Web 页，全部（*．htm；*．html）"格式，然后在"插入"选项卡"插图"功能组中单击"图片"按钮，把图片插入文档中。

这种方法虽然可行，但操作有些麻烦。有一种简易可行的方法如下。

将 Word 的窗口调小一些，使 Word 窗口和网页窗口并列在屏幕上，然后用鼠标在网页中选中需要插入 Word 文档中的那幅图片不放，直接把它拖到 Word 文档中，松开鼠标，此时图片已经插入 Word 文档中。需要注意的是，此方法只适合没有链接的 JPG、GIF 格式图片。

4.4.2 录入技巧

1．轻松输入叠字

在汉字中经常遇到重叠字，比如"爸爸""妈妈""欢欢喜喜"等，在 Word 中输入叠字时除了可以利用输入法自带的功能快速输入外，还可以用 Word 提供的如下功能：只需通过〈Alt+Enter〉组合键便可轻松输入叠字。如在输入"爸"字后，按〈Alt+Enter〉组合键便可再输入一个"爸"字。

2．快速输入汉语拼音

在输入较多的汉字拼音时，可采用另一种更简捷的方法。

先选中要添加注音的汉字，再在"开始"选项卡"字体"功能组中单击"拼音指南"按钮，在"拼音指南"对话框中单击"组合"按钮，则将拼音文字复制并粘贴到正文中，同时还可删除不需要的基准文字。

4.4.3 多页显示文档

在默认状态下，在 Word 2016 中使用〈Ctrl〉+鼠标滚轮，只能使页面无限制地变小或变大，并不能在一个窗口中显示多个页面。当编辑文档页面较多时，想缩小页面比例，以便一个窗口显示多个页面时，可进行如下的操作：选择"视图"选项卡，在"显示比例"功能组中单击"多页"按钮，如图 4-25 所示，即可实现一个窗口多个页面的显示。

图 4-25　设置"多页"显示

4.5 拓展练习

1．某高校为了使学生更好地进行职场定位和职业准备，提高就业能力，该校学工处将于 2019 年 4 月 29 日（星期一）19:30－21:30 在校国际会议中心举办题为"领慧讲堂——大学生人生规划"的就业讲座，特别邀请资深媒体人、著名艺术评论家×××先生担任演讲嘉宾。请根据上述活动的描述，利用 Word 制作一份宣传海报，效果如图 4-26 和图 4-27 所示，要求如下所述。

图 4-26　宣传海报效果图 1

1）调整文档版面，要求页面高度为 35 厘米，页面宽度为 27 厘米，页边距（上、下）为 5 厘米，页边距（左、右）为 3cm，并将"习题\习题 1 素材"文件夹下的图片"Word-海报背景图片.jpg"设置为海报背景。

图 4-27　宣传海报效果图 2

2）根据效果图，调整海报内容文字的字号、字体和颜色。

3）根据页面布局需要，调整海报内容中"报告题目""报告人""报告日期""报告时间"和"报告地点"信息的段落间距。

4）在"报告人："位置后面输入报告人姓名。

5）在"主办：校学工处"位置后另起一页，并设置第 2 页的页面纸张大小为 A4 篇幅，纸张方向设置为"横向"，页边距为"普通"。

6）在新页面的"日程安排"段落下面，复制本次活动的日程安排表（请参考"Word-活动日程安排.xlsx"文件），要求表格内容引用 Excel 文件中的内容，若 Excel 文件中的内容发生变化，Word 文档中的日程安排信息也随之发生变化。

7）在新页面的"报名流程"段落下面，利用 SmartArt，制作本次活动的报名流程（学工处报名、确认座席、领取资料、领取门票）。

8）设置"报告人介绍"段落下面的文字格式和布局为参考示例文件中所示的样式。

9）更换报告人照片为"习题\习题 1 素材"文件夹下的"Pic 2.jpg"照片，将该照片调整到适当位置，不要遮挡文档中的文字内容。

10）将本次活动的宣传海报文件保存为"人生规划宣传海报.docx"。

2．学校组织全班学生去泰山旅游，现在老师要求家在泰山的同学张蒿制作一份泰山旅游攻略，其中包括游玩路线和泰山几大景点的简单介绍。

请根据上述活动的描述，利用已有的"Word.docx"文档制作一份泰山旅游攻略，效果如图 4-28 和图 4-29 所示。

1）调整文档版面，要求页面高度为 18 厘米，页面宽度为 27 厘米，页边距（上、下）为 2.54cm，页边距（左、右）为 3.17 厘米。

2）将图片"泰山风景图.jpg"设置为泰山旅游攻略背景。

3）根据效果图，调整海报内容文字的字号、字体和颜色。

4）根据页面布局需要，调整泰山旅游攻略内容中"制作人"和"制作日期"信息的段落间距。

5）在"制作人："位置后面输入制作人姓名（张蒿）。

6）设置"制作人"段落下面的文字排版布局为效果图中所示的样式。

7）更换制作人照片为习题文件夹下的"**zh.jpg**"照片，将该照片调整到适当位置，不要遮挡文档中的文字内容。

8）保存文档。

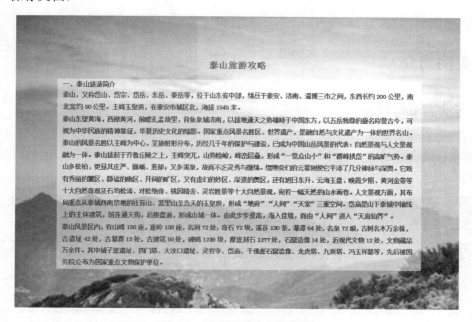

图 4-28　泰山旅游攻略效果图 1

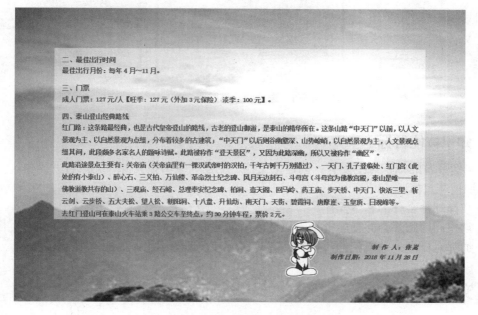

图 4-29　泰山旅游攻略效果图 2

实例5　邀请函制作

5.1　实例简介

5.1.1　实例需求与展示

四方网络科技有限公司将于 1 月 1 日举行公司周年庆晚会。小李作为公司秘书部的一员，负责本次晚会邀请函的制作。利用 Word 2016 的邮件合并功能，可以方便快捷地批量完成邀请函的制作。邀请函效果如图 5-1 所示。

图 5-1　邀请函效果图（部分）

5.1.2　知识技能目标

本实例涉及的知识点主要有：创建主文档、创建和编辑数据源、完成合并操作。

知识技能目标：

● 掌握邮件合并的基本操作。
● 掌握利用邮件合并功能批量制作邀请函、信封、证书等。
● 加强对批量处理文档的认识和理解，并能够合理地运用。

5.2　实例实现

邀请函、录取通知书、荣誉证书等文档的共同特点是形式和主要内容相同，但姓名等个别部分不同,此类文档经常需要批量打印或发送。使用邮件合并功能可以非常轻松地做好此类工作。

邮件合并的原理是将发送的文档中相同的部分保存为一个文档,称为主文档;将不同的部分,如姓名、电话号码等保存为另一个文档,称为数据源,然后将主文档与数据源合并起来,形成用户需要的文档。

5.2.1 创建主文档

主文档的制作步骤如下。

1)启动 Word 2016,创建一个空白文档,单击"布局"选项卡中"页面设置"功能组右下角的对话框启动器按钮,打开"页面设置"对话框,选择"纸张"选项卡,在"纸张大小"栏中将纸张大小设置为"B5(JIS)",如图 5-2 所示。选择"页边距"选项卡,将"纸张方向"设置为"横向","页边距"的上、下微调框的值设置为"2.54 厘米",左、右微调框的值设置为"5.08 厘米",如图 5-3 所示,单击"确定"按钮,完成文档的页面设置。

创建主文档
与数据源

图 5-2 "纸张"设置

图 5-3 "页边距"设置

2)选择"设计"选项卡,在"页面背景"功能组中单击"页面颜色"按钮,在下拉列表中选择"填充效果"选项,如图 5-4 所示。在打开的"填充效果"对话框的"渐变"选项卡中,选中"颜色"栏中的"双色"单选按钮,设置颜色 1 为红色,颜色 2 为白色。在"底纹样式"栏中选择"角部辐射"单选按钮,如图 5-5 所示。单击"确定"按钮,完成页面背景的颜色填充。

3)选择"设计"选项卡,在"页面背景"功能组中单击"页面边框"按钮,打开"边框和底纹"对话框,选择"页面边框"选项卡,在"设置"栏中选择"方框"选项,在"样式"列表框中选择"三线"选项,设置颜色为深红,宽度为 3.0 磅,如图 5-6 所示,单击"确定"按钮,完成页面边框的添加。

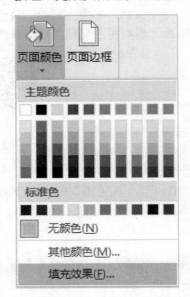

图 5-4 "填充效果"选项

图 5-5 "填充效果"对话框

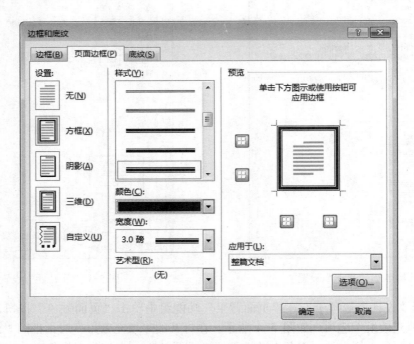

图 5-6 设置页面边框

4)选择"插入"选项卡,在"文本"功能组中单击"文本框"按钮,在下拉列表中选择"绘制横排文本框"选项,将鼠标移到文档中,在页面中上部绘制一个文本框,使文本框处于选中的状态,选择"绘图工具"→"格式"选项卡,在"大小"功能组中设置文本框的高度为 3 厘米，宽度为 8 厘米，在"形状样式"组中设置"形状填充"为"无填充"，"形状轮廓"为"无轮廓"，在文本框内输入"邀请函"，并设置字体格式为黑体、初号、加粗，居中对齐，移到文本框到文档的中上部位置。

5）在文本框下方适当位置双击鼠标，输入邀请函的其他文字，并设置字体为"黑体"，字号为"小三"，效果如图 5-7 所示。

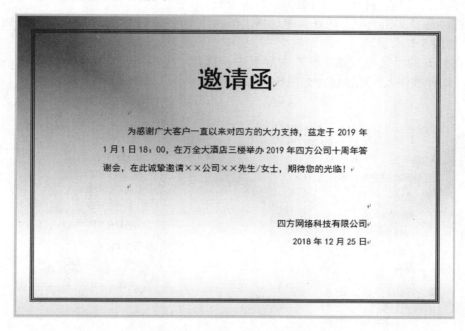

图 5-7　文字输入完成后效果图

6）单击"保存"按钮，将文件以文件名"邀请函模板.docx"进行保存。

5.2.2　创建数据源

数据源可以看成一张简单的二维表格。表格中的每一列对应一个信息类别，如姓名、性别、联系电话等。各个数据的名称由表格的第 1 行来表示。这一行称为域名行，随后的每一行为一条数据记录。数据记录是一组完整的相关信息。

利用 Excel 工作簿建立一个二维表，输入以下数据，并以"客户信息.xlsx"保存，见表 5-1。

表 5-1　新建二维表

公 司 名 称	姓 名	性 别
晨宇	李明	先生
华茂	王晓	女士
金诚电脑	王晓阳	女士
宇宏商贸	赵森淼	先生
一诚教育	张亚洲	先生
华阳商贸	孟小研	女士

5.2.3 利用邮件合并批量制作邀请函

创建好主文档和数据源后，就可以进行邮件合并了，操作步骤如下。

1）打开主文档"邀请函模板.docx"，选择"邮件"选项卡，在"开始邮件合并"功能组中，单击"开始邮件合并"按钮，在下拉列表中选择"邮件合并分步向导"选项，打开"邮件合并"任务窗格。

2）在"选择文档类型"向导页中选择"信函"单选按钮，单击"下一步：开始文档"超链接，如图 5-8 所示。

3）在打开的"选择开始文档"向导页中，选择"使用当前文档"单选按钮，并单击"下一步：选择收件人"超链接，如图 5-9 所示。

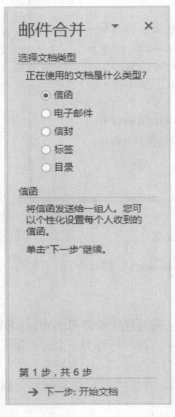

图 5-8 选择文档类型

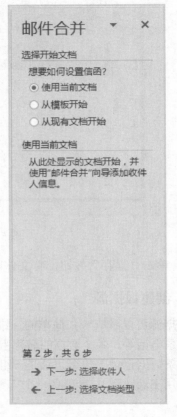

图 5-9 选择开始文档

4）在打开的"选择收件人"向导页中，选择"使用现有列表"单选按钮，单击"浏览"超链接，在弹出的"选取数据源"对话框中找到并选择"客户信息.xlsx"，如图 5-10 所示。单击"打开"按钮，弹出"选择表格"对话框，在对话框中选择客户信息所在的 Sheet1，单击"确定"按钮，打开"邮件合并收件人"对话框，选择"客户信息"中的所有项目，如图 5-11 所示。单击"确定"按钮，返回"选择收件人"向导页。

5）单击"下一步：撰写信函"超链接，进入"撰写信函"向导页。在主文档编辑窗口中，选择"××公司"中的"××"，在"撰写信函"下单击"其他项目"超链接，打开"插入合并域"对话框，选择"域"列表框中的"公司名称"选项，如图 5-12 所示。单击"插入"按钮，完成"公司名称"合并域的插入。单击"关闭"按钮，返回主文档。

图 5-10 "选取数据源"对话框

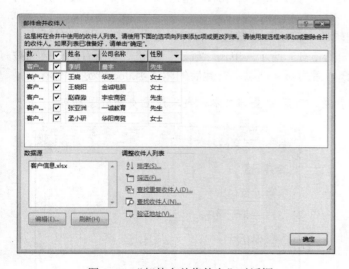

图 5-11 "邮件合并收件人"对话框

图 5-12 "插入合并域"对话框

6）在主文档编辑窗口中，选择"××先生"中的"××"，单击"其他项目"超链接，打开"插入合并域"对话框，选择"姓名"并单击"插入"按钮，完成"姓名"合并域的插入。

7）在主文档编辑窗口中，选择"先生/女士"，单击"其他项目"超链接，打开"插入合并域"对话框，选择"性别"并单击"插入"按钮，完成"性别"合并域的插入。合并域插入完成后的效果如图 5-13 所示。

图 5-13   插入合并域后效果图

8）单击"下一步：预览信函"超链接，主文档中出现已合并完成的第一个客户的邀请函，单击"邮件合并"窗格中的"下一个"按钮，如图 5-14 所示，可逐个查看合并后的信函。

9）单击"预览信函"向导页中的"下一步：完成合并"超链接，进入"完成合并"向导页。

10）单击"完成合并"下的"编辑单个信函"超链接，打开"合并到新文档"对话框。在对话框中选择"全部"单选按钮，如图 5-15 所示。单击"确定"按钮，则所有的记录都被合并到新文档中，如图 5-1 所示。将合并后的新文档以"合并后的邀请函.docx"进行保存。

注意： 若合并后的文档没有页面背景，可选中全部文本，再次设置页面背景即可。

图 5-14   "预览信函"向导页

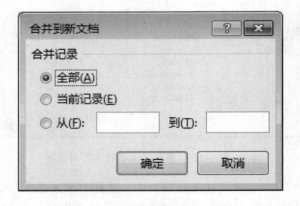

图 5-15   "合并到新文档"对话框

5.2.4   打印邀请函

方法一：在"邮件合并"的第 6 步"完成合并"后，在其任务窗格中单击"打印"超链接，打开"合并到打印机"对话框，如图 5-16 所示。在对话框中进行所需的设置，完成后单击"确定"按钮即可。

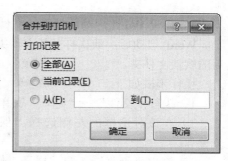

方法二：打开"合并后的邀请函.docx"，直接进行打印即可。

5.3 实例小结

通过 Word 2016 的邮件合并功能，可以轻松地批量制作邀请函、贺年卡、荣誉证书、录取通知书、工资单、信封、准考证等。

图 5-16 "合并到打印机"对话框

邮件合并的操作共分 4 步：

第 1 步：创建主文档。

第 2 步：创建数据源。

第 3 步：在主文档中插入合并域。

第 4 步：执行合并操作。

5.4 经验技巧

5.4.1 编辑技巧

1．清除 Word 文档中多余的空行

如果 Word 文档中有很多空行，手动逐个删除太累，直接打印又浪费篇幅和打印纸。有没有较便捷的方式呢？可以用 Word 自带的替换功能来进行处理。

在 Word 中，单击"开始"选项卡"编辑"功能组中的"替换"按钮，在弹出的"查找和替换"对话框中，单击"高级"按钮，将光标移动到"查找内容"文本框，然后单击"特殊字符"按钮，选取"段落标记"，这时会看到"^p"出现在文本框内，然后再输入一个"^p"，在"替换为"文本框中输入"^p"，即用"^p"替换"^p^p"，然后单击"全部替换"按钮。若还有空行，则反复执行上述全部替换的操作，多余的空行就不见了。

2．取消"自作聪明"的超级链接

当在 Word 文件中输入网址或邮箱地址的时候，Word 会将其自动转换为超链接。如果不小心在网址或邮箱地址上单击了，就会启动 IE 访问超链接。但如果不需要这样的功能，就会觉得它有些碍手碍脚。如何取消这种功能呢？

具体操作方法如下。

1）执行"文件"→"选项"菜单命令，打开"Word 选项"对话框。

2）在左侧选择"校对"选项后，在"自动更正选项"栏中单击"自动更正选项"按钮，打开"自动更正"对话框。

3）选择"键入时自动套用格式"选项卡，取消"Internet 及网络路径替换为超链接"复选框的勾选；再选择"自动套用格式"选项卡，取消"Internet 及网络路径替换为超链接"复选框的勾选；然后单击"确定"按钮。这样，以后再输入的网址和邮箱地址就不会转变为超链接了。

3．巧设 Word 启动后的默认文件夹

Word 启动后，默认打开的文件夹总是"我的文档"。通过设置，可以自定义 Word 启动后的默认文件夹。

操作步骤如下。

1）执行"文件"→"选项"菜单命令，打开"Word 选项"对话框。

2）在该对话框的左侧选择"保存"选项后，找到"保存文档"栏中的"默认文件位置"。

3）单击"浏览"按钮，打开"修改位置"对话框，在"查找范围"下拉列表框中选择希望设置为默认文件夹的文件夹。

4）单击"确定"按钮，此后 Word 的默认文件夹就是用户自己设定的文件夹。

4．〈Shift〉键在文档编辑中的妙用

1）〈Shift＋Delete〉组合键＝剪切。当选中一段文字后，按住〈Shift〉键并按住〈Delete〉键就相当于执行剪切命令，所选的文字会被直接复制到剪贴板中，非常方便。

2）〈Shift＋Insert〉组合键＝粘贴。这条命令正好与上面的剪切命令相对应，按住〈Shift〉键并按住〈Insert〉键就相当于执行粘贴命令，保存在剪贴板里的最新内容会被直接复制到当前光标处。该粘贴命令与上面的剪切命令配合，可以大大提高文章的编辑效率。

3）〈Shift〉键+鼠标单击=准确选择大块文字。有时可能经常要选择大段的文字，通常的方法是直接使用鼠标拖动选取，但这种方法一般只适用于选取小段文字。如果想选取跨页的大段文字的话，经常会出现鼠标走过头的情况，尤其是新手，很难把握鼠标行进的速度。只要先用鼠标左键在要选择文字的开头单击，然后按住〈Shift〉键，单击要选取文字的末尾，这时，两次单击处之间的所有文字就会马上被选中。

5．粘贴网页内容

在 Word 文档中粘贴网页，只需先在网页中选中复制内容，然后切换到 Word 文档，单击"粘贴"按钮，网页中的所选内容就会原样复制到 Word 文档中。这时在复制内容的右下角会出现一个"粘贴选项"按钮，单击按钮右侧的下拉按钮，在下拉列表中选择"仅保留文本"选项即可。

5.4.2　排版技巧

1．去除页眉中横线的两种方法

在页眉插入信息的时候经常会在下面出现一条横线，如果这条横线影响视觉效果，这时可以采用下述两种方法去掉。

方法一：选中页眉的内容后，单击"开始"选项卡"段落"功能组中的"边框"按钮，在下拉列表中选择"边框和底纹"选项，打开"边框和底纹"对话框，在"设置"栏中选择"无"，在"应用于"下拉列表框中选择"段落"，单击"确定"按钮。

方法二：当设定好页眉的文字后，鼠标移向"样式"框，在"样式"下拉列表中，把样式改为"页脚""正文样式"或"清除格式"即可。

2．让页号从"1"开始

在用 Word 2016 给文档排版时，对于既有封面又有"页号"的文档，用户一般会在"页面设置"对话框中选择"版式"选项卡下的"首页不同"复选框，以保证封面不会打印上"页号"。但是有一个问题：在默认情况下，"页号"是从第 2 页开始显示的。怎样才能让

"页号"从第 1 页开始呢？

方法很简单，双击文档的页脚，进入页脚的编辑状态，在"页眉和页脚"功能组中单击"页码"按钮，在弹出的下拉列表中选择"设置页码格式"选项，弹出"页码格式"对话框，将"起始页码"设为"0"即可。

5.5 拓展练习

1．刘丽是公司人事部职员，她的主要工作是负责人员招聘及档案管理等。年中的时候，公司因扩大销售规模，面试了大批应聘销售职务的人员，经过公司讨论决定后，对达到要求的人员发放录用通知书，定于 2019 年 6 月 15 日上午 10 点统一到公司报到，所有录用人员的试用期为 3 个月，试用期工资为 3000 元/月，其中，被录用的人员名单保存在名为"录用者.xlsx"的 Excel 文件中，公司联系电话为 010-××××××××。录用通知书效果如图 5-17 所示。

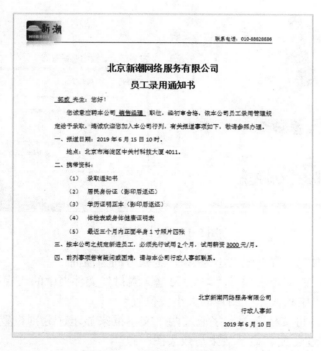

图 5-17　录用通知书效果图

根据上述内容设计录用通知书，具体要求如下所述。

1）调整文档版面，要求纸张大小为"B5 (JIS)"，页边距（上、下）为 3 厘米，页边距（左、右）为 2.5 厘米。

2）在文档页眉的右上角插入"习题\习题 1 素材"文件夹下的图片"商标.jpg"，设置图片样式，适当调整图片大小及位置，并在页眉中添加联系电话。

3）根据录用通知书效果图，调整录用通知内容文字的格式，具体要求：第 1 行设置为标题格式，第 2 行设置为副标题格式，添加部分文字的下画线。

4）设置"二、携带资料"中的 5 行文字自动序号。

5）根据页面布局需要，适当地设置正文各段落的缩进、行间距和对齐方式，并设置文档底部的"北京××网络服务有限公司"的段前间距。

6）运用邮件合并功能制作内容相同、收件人不同的录用通知，且每个人的称呼（先生或女士）、试用期和试用薪资也随着变更（所有相关数据都保存在"录用者.xlsx"中），要求先将合并主文档以"录用通知1.docx"为文件名进行保存，进行效果预览后生成可以单独编辑的单个文档"录用通知2.docx"。

2．王丽是广东猎头信息文化服务公司的一名客户经理，在 2019 年中秋节即将来临之际，她将设计一个中秋贺卡，发给有业务来往的客户，祝他们中秋节快乐。

请根据上述活动的描述，利用 Word 制作一张中秋贺卡，效果如图 5-18 所示，要求如下所述。

图 5-18　贺卡效果图

1）调整文档版面，设置纸张大小为 A4，纸张方向为横向。

2）根据效果图，在文档中插入"习题\习题2素材"文件夹中的"底图.jpg"图片。

3）设置文档中"中秋快乐"图片的大小及位置。

4）根据效果图，将文档中的文字通过两个文本框来显示，分别设置两个文本框的边框样式及底纹颜色等属性，使其显示效果与效果图一致。

5）根据效果图，分别设置两个文本框中的文字字体、字号及颜色，并设置第 2 个文本框中各段落之间的间距、对齐方式、段落缩进等属性。

6）在"客户经理："位置后面输入姓名（王丽）。

7）在"尊贵的——先生，女士："的横线处，插入客户的姓名，客户姓名在"习题\习题2素材"文件夹下的"客户资料.docx"文件中。每张贺卡中只能包含 1 位客户姓名，所有的贺卡页面请另外保存在一个名为"Word-贺卡.docx"文件中。

实例 6　毕业论文的编辑与排版

6.1　实例简介

6.1.1　实例需求与展示

小李是某高职院校一名大三的学生。临近毕业，他按照毕业设计指导老师发放的毕业设计任务书的要求，完成了项目开发和论文内容的书写。接下来，他需要使用 Word 2016 对论文进行编辑和排版。具体要求如下。

（1）论文的组成部分

论文必须包括封面、中文摘要、目录、正文、致谢和参考文献等部分，如果有源代码或线路图等，也可以在参考文献后追加附录。各部分的标题均采用论文正文中一级标题的样式。

（2）论文各组成部分的正文

中文字体为宋体，西文字体为 Times New Roman，字号均为小四号，首行缩进两个字符；除已说明的行距外，其他正文均采用 1.25 倍行距。其中如有公式，行间距会不一致，在设置段落格式时，取消对"如果定义了文档网格，对齐网格"复选框的选择。

（3）封面的要求

根据素材文件夹给出的模板（见"素材"文件夹中的"封面模板.docx"），并根据需要做必要的修改，封面中不书写页码。

（4）目录的要求

自动生成；字号小四，对齐方式为右对齐。

（5）摘要的要求

在摘要正文后，间隔一行，输入文字"关键词："，字体为宋体、四号、加粗，首行缩进两个字符。

（6）论文正文中的各级标题的要求

1）一级标题：字体黑体，字号三号，加粗，对齐方式为居中，段前、段后均为 0 行，1.5 倍行距。

2）二级标题：字体楷体，字号四号，加粗，对齐方式为靠左，段前、段后均为 0 行，1.25 倍行距。

3）三级标题：字体楷体，字号小四，加粗，对齐方式为靠左，段前、段后均为 0 行，1.25 倍行距。

（7）论文中的图片的要求

对齐方式为居中；每张图片有图序和图名，并放在图片正下方居中位置。图序采用如"图 1-1"的格式，并在其后空两格书写图名；图名的中文字体为宋体，西文字体为 Times

New Roman，字号为五号。

（8）论文中的表格的要求

对齐方式为居中；单元格中的内容，对齐方式为居中，中文字体为宋体，西文字体为 Times New Roman，字号均为五号，标题行文字加粗；表格允许下页接写，表题可省略，表头应重复写，并在左上方写"续表××"；每张表格有表序和表题，并放在表格正上方居中位置。表序采用如"表 1.1"的格式，并在其后空两格书写表题；表名的中文字体为宋体，西文字体为 Times New Roman，字号为五号。

（9）参考文献的要求

正文按指定的格式要求书写，1.5 倍行间距。

（10）页面设置

采用 A4 大小的纸张打印，上、下页边距均为 2.54 厘米，左、右页边距分别为 3.17 厘米和 2.54 厘米；装订线边距为 0.5 厘米；页眉、页脚距边界 1 厘米。

（11）页眉的要求

页眉内容中文为宋体，西文为 Times New Roman，字号为五号；采用单倍行距，居中对齐。除论文正文部分外，其余部分的页眉中书写当前部分的标题；论文正文奇数页的页眉中书写章题目，偶数页书写"××职业技术学院毕业设计论文"。

（12）页脚的要求

页脚内容中文为宋体，西文为 Times New Roman，字号为小五号；采用单倍行距，居中对齐；页脚中显示当前页的页码。其中，中文摘要与目录的页码使用希腊文，且分别单独编号；从论文正文开始，使用阿拉伯数字，且连续编号。

（13）论文的装订

论文一律左侧装订，封面、摘要单面打印，目录、正文、致谢和参考文献等双面打印。

经过技术分析，小李按要求完成了论文的排版，论文效果如图 6-1 所示。

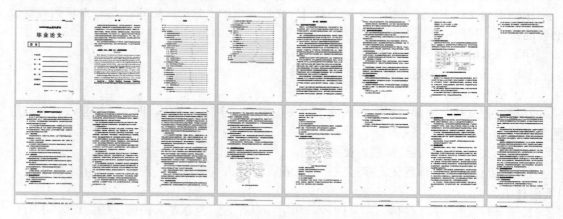

图 6-1　论文效果图（部分）

6.1.2　知识技能目标

本实例涉及的知识点主要有：文档结构图的使用方法、页面设置、样式的创建和应用、图表的编辑、分节符的使用、页眉页脚的设置和目录的生成等基本操作。

知识技能目标：
- 掌握文档结构图的使用。
- 掌握页面设置。
- 掌握样式的创建。
- 掌握样式的应用。
- 掌握图、表的编辑。
- 掌握分节符的使用。
- 掌握页眉、页脚的设置。
- 掌握目录的生成。

6.2 实例实现

对于毕业论文这类长文档的编辑和排版是 Word 比较复杂的应用。要实现实例的效果，需要对文档进行一系列设置，下面逐一进行介绍。

6.2.1 文档结构图的使用

对于应用了样式的长文档，可以打开导航窗格对文档的层级进行查看，并可通过单击其中的标题快速定位到文档中的相应位置进行编辑。下面在"毕业论文.docx"文档中使用文档结构图。具体操作步骤如下。

使用文档结构图与设置样式

选择"视图"选项卡，在"显示"功能组中选中"导航窗格"复选框，如图 6-2 所示。通过单击"导航"窗格中的各个标题可以快速定位到文档中的相应位置。

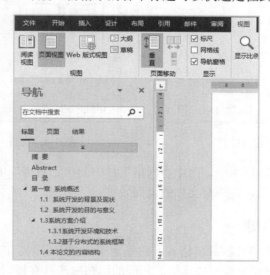

图 6-2　打开"导航"窗格

6.2.2 页面设置

进行页面设置后，可以直观地看到页面中的内容和排版是否适宜，避免事后的修改。毕业论文的格式要求中，页边距、装订线、纸张方向、纸张大小、页眉和页脚、页眉页脚边距以及文档的行数、字符数等都是在"页面设置"对话框中设置的。实例中的"页面设置"操作步骤如下。

1）打开素材中的"论文原稿.docx"，选择"布局"选项卡，在"页面设置"功能组中，单击右下角的对话框启动器按钮，打开"页面设置"对话框。在"页边距"选项卡中，设置上、下页边距均为 2.54 厘米，左、右页边距分别为 3.17 厘米和 2.54 厘米，"装订线"为 0.5 厘米，"纸张方向"为纵向，如图 6-3 所示。

2）选择"纸张"选项卡，设置"纸张大小"为 A4。

3）选择"版式"选项卡，选中"页眉和页脚"栏中的"奇偶页不同"复选框，并将"页眉""页脚"微调框中的数值都设置为"1 厘米"，如图 6-4 所示。

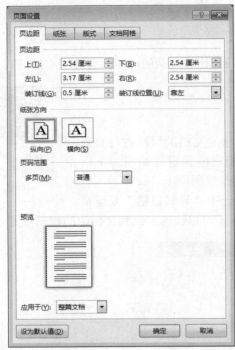

图 6-3　页边距设置

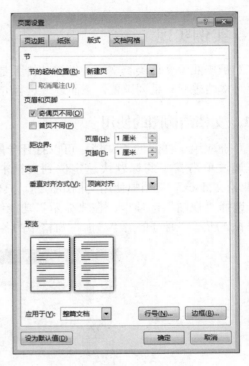

图 6-4　页眉、页脚设置

4）在"文档网格"选项卡中，选中"网格"栏中的"无网格"单选按钮。

5）单击"确定"按钮，完成对文档的页面设置。

6.2.3　样式的修改与创建

样式就是已经命名的字符和段落格式，它规定了文档中标题、正文等各个文本元素的格式。为了使整个文档具有相对统一的风格，相同的标题应该具有相同的样式设置。

Word 2016 提供了"标题 1"等内置样式，但这些内置样式不完全符合前述论文编写格式要求中的规定，需要修改内置样式以满足论文格式要求。其他样式，如参考文献正文的样式等，需要用户创建。最后，将样式应用到论文中。

修改"标题 1"样式的操作步骤如下。

1）选择"开始"选项卡，在"样式"功能组中，单击右下角的对话框启动器按钮，打开"样式"窗格，如图 6-5 所示。

2）在"样式"窗格中单击"标题 1"样式右侧的下拉按钮，在弹出的下拉列表中选择"修改"选项，打开"修改样式"对话框，如图 6-6 所示。单击对话框中的"格式"按钮，在弹出的下拉列表中选择"字体"选项，打开"字体"对话框，设置中文字体为"黑体"，西文字体为"Times New Roman"，字号为"三号"，加粗，居中对齐。

图 6-5　样式窗格

图 6-6　"修改样式"对话框

3）单击对话框中的"格式"按钮，在弹出的下拉列表中选择"段落"选项，打开"段落"对话框。设置段落"段前""段后"间距均为 0 行；行距为"1.5 倍行距"。设置完成后，单击"确定"按钮，回到"修改样式"对话框后再次单击"确定"按钮，完成对"标题 1"样式的修改。

4）用同样的方法，在样式窗口中找到标题 2、标题 3 的样式，分别按论文编写格式要求中的规定对样式进行修改。

"正文"样式是 Word 中最基础的样式，轻易不要修改它，一旦它被改变，将会影响所有基于"正文"样式的其他样式的格式。为此，需要创建论文正文中使用的样式。操作步骤如下。

1）单击窗格左下角的"新建样式"按钮，打开"根据格式化创建新样式"对话框。

2）在"名称"文本框中输入样式名称"论文正文"，在"后续段落样式"下拉列表框中选择"论文正文"选项，如图 6-7 所示。

3）单击对话框左下角的"格式"按钮，从弹出的下拉列表中选择"字体"选项，打开"字体"对话框，在对话框中设置中文字体为"宋体"、西文字体为"Times New Roman"、字号为"小四"，如图 6-8 所示。单击"确定"按钮，返回"根据格式化创建新样式"对话框。

图 6-7 "根据格式化创建新样式"对话框

图 6-8 "字体"对话框

4）再次单击"格式"按钮，从弹出的下拉列表中选择"段落"选项，打开"段落"对话框，在打开的对话框中设置段落缩进格式为"首行缩进""2 字符"，段落行距为 1.25 倍行距，取消对"如果定义了文档网格，则对齐到网格"复选框的选择，如图 6-9 所示。单击"确定"按钮，返回"根据格式化创建新样式"对话框。再次单击"确定"按钮，完成"论文正文"样式的创建。

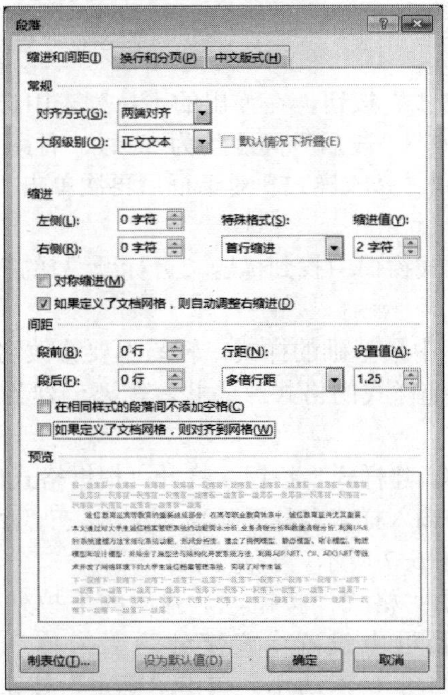

图 6-9 "段落"对话框

5）用同样的方法，根据论文格式的要求，新建"参考文献正文""关键词"和"图表标题"等样式。

样式应用与
图表编辑

6.2.4　样式的应用

样式应用的步骤如下。

1）选中需要设置为一级标题的文本，如"摘要"，单击"样式"窗格中的"标题 1"样式。这样就为"摘要"应用了"标题 1"样式。

2）使用同样的方法将"第×章……""致谢""参考文献"设置成"标题 1"样式。

3）将文中的二级标题（如"1.1……"等）设置成"标题 2"样式。

4）将文中的三级标题（如"1.3.1……"等）设置成"标题 3"样式。

5）将"参考文献正文""关键词"样式应用到相应文档。

6）将插入点置于摘要的正文中，选择"开始"选项卡，单击"编辑"功能组中的"选择"按钮，在弹出的下拉中选择"选择格式相似的文本"选项，如图 6-10 所示。接着单击"样式"窗格中的"论文正文"样式，快速地将该样式应用到摘要、论文正文和致谢中。

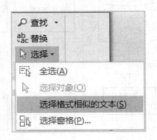

图 6-10　"选择格式相似的文本"选项

6.2.5　图、表的编辑

（1）插入题注

在论文中，图表要求按章节中出现的顺序分章编号，使用 Word 中的"题注"功能可以实现对图表的自动编号。首先将素材中的图片"图 1-1"插入到"整个系统最终设计为如图 1-1 所示的分布式体系结构"之后，调整图片的大小并使其居中对齐。

插入题注的操作步骤如下。

1）选中刚刚插入的图片。

2）选择"引用"选项卡，在"题注"功能组中单击"插入题注"按钮，打开"题注"对话框，如图 6-11 所示。

3）在"选项"栏的"标签"和"位置"下拉列表框中分别选择"Figure"和"所选项目下方"选项，然后单击"新建标签"按钮，打开"新建标签"对话框。

4）在"新建标签"对话框的"标签"文本框中输入"图 1-"，如图 6-12 所示，单击"确定"按钮，关闭该对话框，返回"题注"对话框，再单击"确定"按钮，在图的下方插入题注"图 1-1"，在其后输入两个空格后输入文字"大学诚信档案管理系统总体体系架构图"，按论文格式要求设置文本格式，效果如图 6-13 所示。

5）当需要对第一章的第二幅图加题注时，只需要选中该图，选择"引用"选项卡，单击"题目"功能组中的"插入题注"按钮，在选项标签中选择对应的标签"图 1-"，单击"确定"按钮，第二幅图的题注会自动出现在图的下一行，之后再输入文字说明。

图6-11 "题注"对话框

图6-12 "新建标签"对话框

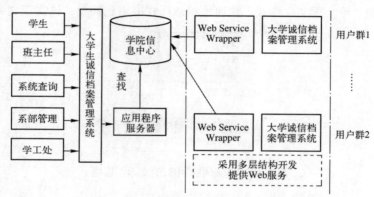

图1-1 大学诚信档案管理系统总体体系架构

图6-13 插入题注后效果图

（2）插入交叉引用

插入交叉引用的步骤如下。

1）将文本中"如图 1-1 所示"中的"图 1-1"删除，并将插入点置于"如"后，选择"插入"选项卡，单击"链接"功能组中的"交叉引用"按钮，打开"交叉引用"对话框。

2）在"引用类型"下拉列表框中选择"图 1-"，在"引用内容"下拉列表框中选择"整项题注"选项，在"引用哪一个题注"列表框中选择"图 1-1 大学诚信档案管理系统总体体系架构图"选项，如图 6-14 所示。单击"插入"按钮，在文本中插入交叉引用，单击"关闭"按钮，关闭"交叉引用"对话框。

3）用同样的方法向论文中添加图 2-1 和

图6-14 "交叉引用"对话框

图 2-2，设置图片格式，并为图片添加"题注"和"交叉引用"。

6.2.6 分节符的使用

节是文档格式化的最大单位，只有在不同的节中，才可以设置与前面文本不同的页眉、页脚、页边距、页面方向、文字方向或分栏版式等格式。为了使文档的编辑排版更加灵活，用户可以将文档分割成多个节，以便于对同一个文档中不同部分的文本进行不同的格式化。在新建文档时，默认情况下Word 将整篇文档认为是一个节。

节与节之间用一个双虚线作为分界线，即分节符。分节符表示在一个节的结尾处插入标记，是一个节的结束符号，在分节符中存储了分节符之上整个一个节的文本格式，如页边距、页眉和页脚等。分节符表示一个新节的开始。

本实例中要求将论文格式设置不同的页眉、页脚，所以必须将文档分成多个节。插入分节符的类型如下：在摘要、目录这两页内容的结尾处分别插入"奇数页"分节符，其他各章节开始位置插入"下一页"分节符。具体操作步骤如下。

1）选择"开始"选项卡，单击"段落"功能组右上角的"显示/隐藏编辑标记"按钮。这样可以看到插入后的分节符。

2）将光标置于"摘要"之前，选择"布局"选项卡，单击"页面设置"功能组中的"分隔符"按钮，在下拉列表中选择"奇数页"选项，如图 6-15 所示。在"摘要"之前出现一个空白页，用于插入论文的封面。

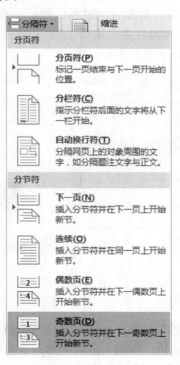

图 6-15 "奇数页"分节符

3）在"摘要"内容的结尾处，插入"奇数页"分节符。在下一页的首行输入"目录"

之后按〈Enter〉键。对"目录"字样应用"标题 1"样式并在其后插入"奇数页"分节符。使其与"第一章"分页。

4）将光标置于第二章之前，利用同样的方法插入"下一页"分节符。

5）用同样的方法，在第三章、第四章等各个章节的开始处插入"下一页"分隔符。至此，论文分节完成。

6.2.7　页眉和页脚的设置

（1）页眉设置

按照论文页眉的格式要求，除封面不需要设置页眉外，其他部分奇数页页眉内容为当前部分标题，偶数页页眉内容为"××职业技术学院毕业设计论文"。具体操作步骤如下。

1）设置论文中奇偶页页眉不同的前提是已在"页面设置"对话框中设置了"奇偶页不同"，如图 6-4 所示。

2）按〈Ctrl+Home〉组合键，快速定位到文档开始处，选择"插入"选项卡，单击"页眉和页脚"功能组中的"页眉"按钮，在下拉列表中选择"空白页眉"选项，如图 6-16 所示。

由于封面中不书写页眉，可以依次按〈Ctrl+A〉组合键和〈Delete〉键将文字连同段落标记一起删除。

3）选择"页眉和页脚工具"→"设计"选项卡，单击"导航"功能组中的"下一条"按钮，如图 6-17 所示。将插入点置于"摘要"页的页眉区中。单击"导航"功能组中的"链接到前一条页眉"按钮，切断与封面页的联系，然后在页眉区"输入文字"字样处输入"摘要"。选中页眉文本，将其字体设置为"宋体""小五号"。接着单击"导航"功能组中的"下一条"按钮，将插入点置于目录页的页眉区中。

图 6-16　插入页眉

图 6-17　"下一条"按钮

4）单击"链接到前一条页眉"按钮，切断与摘要节的联系，并输入文本"目录"。单击"导航"选项组中的"下一条"按钮，将插入点置于第一章的页眉区中。

5）使"链接到前一条页眉"按钮处于未选中状态，然后输入第一章的标题"系统概述"。单击"下一条"按钮，将插入点置于第一章偶数页的页眉区中。

6）使"链接到前一条页眉"按钮处于未选中状态，然后输入文本"××职业技术学院毕业设计论文"，并将其字体设置为"宋体""小五号"。

7）依次设置第二～五章的页眉。其中，设置奇数页的页眉时，首先使"链接到前一条页眉"按钮处于未选中状态，然后输入相应章的标题；对偶数页的页眉不做任何设置，保持第一章偶数页的页眉即可。

8）将"结束语""致谢"和"参考文献"三节的页眉分别设置为其标题文本，且不区分奇偶页。

9）单击"设计"选项卡中的"关闭页眉和页脚"按钮，完成对页眉的设置。

（2）页脚设置

按照论文页脚的格式要求，封面不出现页码，中文摘要与目录的页码使用希腊文，且分别单独编号；从论文正文开始，使用阿拉伯数字，且连续编号。具体操作步骤如下。

1）按〈Ctrl+Home〉组合键，快速定位到文档开始处，在封面页的页眉文本处双击，进入页眉的编辑状态，选择"设计"选项卡，单击"导航"功能组中的"转至页脚"按钮，将插入点移至页脚区。

2）单击"导航"功能组中的"下一条"按钮，跳转到"摘要"页的页脚，使"链接到前一条页眉"按钮处于未选中状态。单击"页眉和页脚"功能组中的"页码"按钮，在下拉列表中选择"设置页码格式"选项，打开"页码格式"对话框。

3）在"编号格式"下拉列表框中选择"I，II，III，…"选项，选中"起始页码"单选按钮，并将后面的微调框的值设置为"I"，如图 6-18 所示。单击"确定"按钮，返回页脚区。

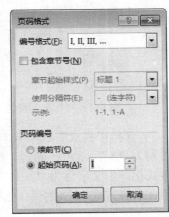

图 6-18　"页码格式"对话框

4）再次单击"页眉和页脚"功能组中的"页码"按钮，从下拉列表中选择"页面底端"→"普通数字 2"选项，希腊文页码出现在"摘要"节中的页脚区。

5）单击"导航"功能组中的"下一条"按钮，跳转到"目录"页的页脚区，保持"链接到前一条页眉"按钮的选中状态，并设置"编号格式"为"I，II，III，…"选项，在"页码编号"栏中选中"续前节"单选按钮。

6）单击"下一条"按钮，将插入点置于"第一章　系统概述"奇数页的页脚区。取消"链接到前一条页眉"按钮的选中状态，打开"页码格式"对话框，选中"起始页码"单选按钮，并将后面的微调框的值设置为"1"，然后单击"确定"按钮，返回文档中，阿拉伯数字页码出现在其中。

7）将插入点置于"第一章　系统概述"偶数页的页脚区，保持"链接到前一条页眉"按钮的选中状态，并单击"页眉和页脚"功能组中的"页码"按钮，在下拉列表中选择"页面底端"→"普通数字 2"选项，将页码插入其中。多次单击"下一条"按钮，后续页面的页码已自动设置完成。

8）单击"设计"选项卡中的"关闭页眉和页脚"按钮，完成对页脚的设置。

6.2.8　目录的生成

目录一般位于论文的摘要或图书的前言之后，并且单独占一页。对于定义了多级标题样式的文档，可以通过 Word 的索引和目录功能提取目录。具体操作步骤如下。

1）将插入点定位在目录空白页。

2）选择"引用"选项卡，单击"目录"功能组中的"目录"按钮，如图 6-19 所示。在下拉列表中选择"自定义目录"选项，打开"目录"对话框，如图 6-20 所示。

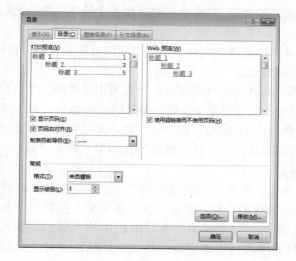

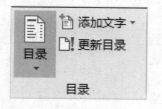

图 6-19 "目录"按钮　　　　　　图 6-20 "目录"对话框

3）保持"目录"选项卡中"显示页码""页码右对齐"复选框处于选中的状态，设置显示级别为"3"，单击"确定"按钮，完成目录的自动生成。按论文格式要求对生成的目录进行格式化：中文字体为"宋体"、西文字体为"Times New Roman"、字号为"小四"、1.25 倍行距、对齐方式为右对齐，效果如图 6-21 所示。

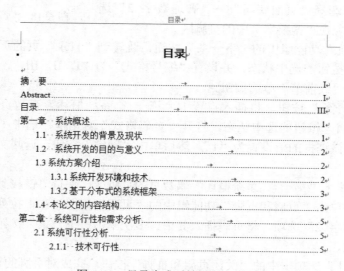

图 6-21 目录生成后效果图（部分）

4）将素材中"封面模板.docx"文件的内容复制到论文的封面页，保存论文文档。至此，毕业论文制作完毕。

注意：当论文中的内容或页码发生变化时，需要及时更新目录，此时，可在目录的任意位置右击，在弹出的快捷菜单中选择"更新域"命令，打开"更新目录"对话框，如图 6-22 所示。如果只是页码发生改变，可选择"只更新页码"单选按钮。如果标题内容有改变，可选择"更新整个目录"单选按钮。也可按〈F9〉键进行更新。

图 6-22 "更新目录"对话框

6.3 实例小结

本实例通过对毕业论文排版的学习，深入了解和掌握在 Word 2016 中设计文档结构图、页面设置、样式的创建和应用、图表的编辑、分节符的使用、页眉页脚的设置和目录的生成等操作。在日常工作中经常会遇到许多长文档，如毕业论文、企业的招标书、员工手册等，有了以上的 Word 操作基础，对于此类长文档的排版和编辑就可以做到游刃有余了。

在长文档中，如发现某个多次使用的词语错误，若逐一改将花费大量时间，而且难免会出现遗漏，此时可以使用"开始"选项卡"编辑"功能组中的"查找与替换"按钮进行统一修改。需要注意的是，可以使用通配符号"*"和"？"实现模糊查找。

6.4 经验技巧

6.4.1 一般文档排版技巧

1. 制作水印

Word 2016 具有添加文字和图片两种类型的水印的功能，而且能够随意设置大小、位置等。

水印制作方法如下。

1）单击"布局"选项卡"页面背景"功能组中的"水印"按钮，在下拉列表中选择"自定义水印"选项，打开"水印"对话框。

2）在该对话框中选择"文字水印"单选按钮，然后在"文字"下拉列表框中选择合适的字句，或输入其他文字。若在"水印"对话框中选择"图片水印"单选按钮，则须找到要作为水印图案的图片。

3）单击"确定"按钮，水印就会出现在文字后面。

2. 显示分节符

插入分节符之后，很可能看不到它。因为默认情况下，在最常用的"页面"视图模式下是看不到分节符的。这时，可以单击"开始"选项卡"段落"功能组中的"显示/隐藏编辑标记"按钮，让分节符显示出来。

6.4.2 长文档排版技巧

1. 在 Word 中同时编辑文档的不同部分

一篇长文档不能在显示器屏幕上全部显示出来，但有时因实际需要又要同时编辑同一文档中的相距较远的几个部分。怎样同时编辑文档的不同部分？

操作方法如下。

首先打开需要显示和编辑的文档，如果文档窗口处于最大化状态，就要单击文档窗口中的"还原"按钮，然后单击"视图"选项卡"窗口"功能组中的"新建窗口"按钮，屏幕上立即会产生一个新窗口，显示的也是这篇文档，这时就可以通过窗口切换和窗口滚动操作，使不同的窗口显示同一文档中不同位置的内容，以便阅读和编辑修改。

2．Word 2016 文档目录巧提取

在编辑完有若干章节的一篇长 Word 2016 文档后，如果需要在文档的开始处加上章节的目录，该怎么办？如果对文档中的章节标题应用了相同的格式，比如定义的格式是黑体、二号字，那么有一个提取章节标题的简单方法。

操作方法如下。

1）单击"开始"选项卡"编辑"功能组中的"查找"按钮，打开"查找和替换"对话框。

2）单击"查找内容"文本框，单击"格式"按钮，从下拉列表中选择"字体"选项，在"中文字体"下拉列表框中选择"黑体"，在"字号"下拉列表框中选择"二号"，单击"确定"按钮。

3）单击"阅读突出显示"按钮。

此时，Word 2016 将查找所有指定格式的内容，对该例而言就是所有具有相同格式的章节标题了。然后选中所有突出显示的内容，这时就可以使用"复制"命令来提取它们，然后使用"粘贴"命令把它们插入到文档的开始处。

3．在页眉中显示章编号及章标题内容

要想在 Word 文档中实现在页眉中显示该页所在章的章编号及章标题内容的功能，用户首先必须在文档中对章标题使用统一的章标题样式，并且对章标题使用多级符号进行自动编号，然后按照如下方法进行操作。

1）将文档视图切换到页眉和页脚视图方式。

2）单击"插入"选项卡"文本"功能组中的"文档部件"按钮，从下拉列表中选择"域"选项，打开"域"对话框。从"类别"列表框中选择"链接和引用"，然后从"域名"列表框中选择"StyleRef"域。

3）先单击"域代码"按钮，再单击"选项"按钮，打开"域选项"对话框。单击"域专用开关"选项卡，从"开关"列表框中选择"\n"开关，单击"添加到域"按钮，将开关选项添加到"域代码"框中。

4）选择"样式"选项卡，从"名称"列表框中找到章标题所使用的样式名称，如"标题 1"样式名称，然后单击"添加到域"按钮。

5）单击"确定"按钮将设置的域插入页眉中，这时可以看到在页眉中自动出现了该页所在章的章编号及章标题内容。

4．快速查找长文档中的页码

在编辑长文档时，若要快速查找到文档的页码，可单击"开始"选项卡"编辑"功能组中的"查找"按钮，打开"查找和替换"对话框；再单击"定位"选项卡，在"定位目标"列表框中选择"页"，在"输入页号"文本框中输入所需页码，然后单击"定位"按钮即可。

5．在长文档中快速漫游

选中"视图"选项卡"显示/隐藏"功能组中的"导航窗格"复选框，然后单击"导航"窗格中要跳转的标题即可跳转至文档中相应位置。"导航"窗格将在一个单独的窗格中显示文档标题，用户可通过文档结构图在整个文档中快速漫游并追踪特定位置。在"导航"窗格中，可选择显示的内容级别，调整文档结构图的大小。若标题太长，超出文档结构图的宽度，则不必调整窗口大小，只需将鼠标指针在标题上稍作停留，即可看到整个标题。

6.5 拓展练习

1．根据实例实现中的操作步骤，按照论文格式要求，对"原稿.docx"进行排版。

2．根据提供的"管理投标书.docx"文档进行排版，实现页眉和页脚、目录的插入。管理投标书排版后的效果如图 6-23 所示。

图 6-23　管理投标书排版后效果图

第 2 篇   Excel 篇

实例 7   员工档案制作

7.1   实例简介

7.1.1   实例需求与展示

四方网络有限公司近期人员变动比较频繁，公司人数已增加到 100 人，需要重新制作员工档案，秘书部小李负责此项任务。员工档案表如图 7-1 所示。

				企业员工档案			
工号	姓名	性别	年龄	学历	部门	进入企业时间	联系电话
1001	杨林	男	31	硕士	研发部	2001年3月1日	15950380001
1002	何晓玉	女	30	硕士	广告部	2000年6月1日	13012351358
1003	郭文	女	28	硕士	研发部	1999年8月1日	15206281459
1004	杨彬	男	32	本科	广告部	2005年6月1日	18936511853
1005	苏宇拓	男	34	硕士	销售部	2002年6月1日	15061234852
1006	杨楠	女	25	大专	文秘部	2003年3月1日	15052350801
1007	陈强	男	28	大专	采购部	1997年11月1日	14705231469
1008	杨燕	女	28	本科	研发部	1999年12月1日	18752031568
1009	陈蔚	女	29	硕士	采购部	1996年4月1日	15961020406
1010	邱鸣	男	31	大专	广告部	2004年1月1日	18204092351
1011	王耀华	男	33	本科	文秘部	2003年2月1日	15950380002
1012	杜鹏	男	36	硕士	研发部	2000年10月1日	13012351359
1013	孟永科	男	35	本科	销售部	1999年2月1日	15206281451

图 7-1   员工档案表

7.1.2   知识技能目标

本实例涉及的知识点主要有：创建空白 Excel 表格、保存、数据录入、数据有效性设置、表格的美化、表格打印。

知识技能目标：

● 掌握 Excel 工作簿的创建与保存。

- 掌握工作表的插入和重命名。
- 掌握单元格数据的录入。
- 掌握数据有效性的设置。
- 掌握数据表格的美化。
- 掌握窗口的冻结。
- 掌握工作表的打印。

7.2 实例实现

在日常工作中，常常要制作员工档案这样的信息表格。对于这样的表格，不仅要正确录入数据，还要对表格进行一定的美化，设置表格格式，使表格整齐美观。

7.2.1 新建 Excel 工作簿

新建 Excel 工作簿的方法与创建空白 Word 文档类似：执行"开始"→"所有程序"→"Microsoft Office 2016"→"Microsoft Office Excel 2016"命令，启动 Excel 2016 程序。

如果已经有打开的 Excel 文档，也可以通过"文件"→"新建"菜单命令来创建新工作簿，如图 7-2 所示，在右侧选择"空白工作簿"即可创建新的 Excel 工作簿。

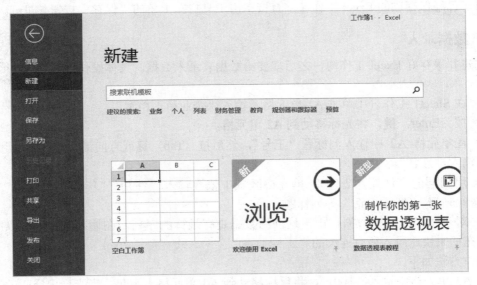

图 7-2 利用"新建"命令创建空白工作簿

一个新建的空白工作簿，默认的名称是 Book1，每个工作簿默认包含 5 个工作表，分别是 Sheet1、Sheet2、Sheet3、Sheet4 和 Sheet5。

7.2.2 保存工作簿

在新建工作簿后要及时将其保存，以防因突然断电、计算机死机或计算机中毒等各种意外情况而造成数据丢失。具体操作步骤如下。

1）执行"文件"→"保存"菜单命令，进入"另存为"界面，单击"浏览"按钮，打开"另存为"对话框。

2）指定保存的路径，在"文件名"文本框中输入文件名称，如图 7-3 所示。单击"保存"按钮。

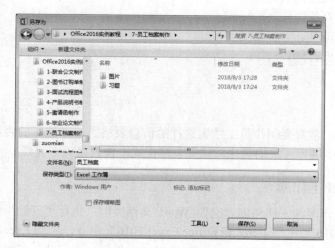

图 7-3 "另存为"对话框

对于已经保存过的 Excel 工作簿，直接单击工具栏左上角的"保存"按钮即可。

7.2.3 数据录入

创建并保存好 Excel 工作簿，之后就要给数据表录入数据，具体操作步骤如下。

1）在 Sheet1 工作表中单击 A1 单元格，输入"企业员工档案"。

2）按〈Enter〉键，将光标移动到 A2 单元格。

3）在单元格 A2 中输入列标题"工号"，然后按〈Tab〉键或方向键将光标移动到 B2，在其中输入"姓名"。

4）用相同的方法在 C2：H2 单元格区域中依次输入"性别""年龄""学历""部门""进入企业时间""联系电话"等列标题。

5）对于"工号"列数据，由于这列的数据是有规律的序列，在输入的时候可以用单元格的填充柄来快速录入所有连续的"工号"。

操作方法如下。

在 A3 单元格中输入"1001"，将鼠标移动到 A3 单元格右下角，当光标由空心的十字指针变成实心的十字指针时，按住〈Ctrl〉键的同时向下拖动鼠标至 A15 单元格，松开鼠标和〈Ctrl〉键，即可在 A3：A15 单元格区域自动生成工号。

6）对于"姓名""年龄""部门"列的内容直接输入即可。

7）"进入企业时间"列的内容属于日期型的数据。此类数据在输入前可先设定其单元格格式，操作方法如下。

拖动鼠标选中单元格区域 G3：G15，选择"开始"选项卡，单击"数字"功能组右下角的对话框启动器按钮，打开"设置单元格格式"对话框，在"数字"选项卡的"分类"列表框中选择"日期"选项，在"类型"列表框中选择符合要求的类型，如图 7-4 所示，单击

"确定"按钮，在 G3 单元格中输入"2001-3-1"即可变成"2001 年 3 月 1 日"字样。用同样的方法输入其他日期数据。

图 7-4 "设置单元格格式"对话框

8）"联系电话"列数据属于"数字文本"，可以通过两种方法进行输入。

方法一：在输入之前可以通过 7）中的方法将 H 列单元格格式设置为"数字"→"文本"后进行输入。

方法二：先输入半角单引号"'"，再输入联系电话"15950380001"，按〈Enter〉键，即可实现数值型文本的录入。

7.2.4 数据有效性设置

对于员工档案表中的"性别"列数据，可以为其设置数据有效性条件，以便在输入不符合规则的数据时，出现提示对话框。具体操作步骤如下。

1）选中 C3：C15 单元格区域，选择"数据"选项卡，在"数据工具"功能组中单击"数据验证"按钮，在下拉列表中选择"数据验证"选项，如图 7-5 所示，弹出"数据验证"对话框。

图 7-5 "数据验证"命令

2）在对话框中的"允许"下拉列表框中选择"序列"，在"来源"中输入"男,女"，如

图 7-6 所示，单击"确定"按钮。注意：输入的"男,女"中的逗号是半角逗号。

3）单击 C3 单元格，即可看到有下拉列表框弹出，并有"男"或"女"两种选项，如图 7-7 所示。

图 7-6 "数据验证"对话框

图 7-7 设置数据有效性后的效果图

4）设定数据有效性后，当输入的数据不符合规则时，会弹出一个提示对话框，如图 7-8 所示。

5）如果对对话框中的提示信息不满意，可以继续通过"数据验证"对话框来进行设置。在打开的"数据验证"对话框中，单击"出错警告"选项卡，设置"样式"下拉列表框的值为"警告"，在"错误信息"文本框中输入"数据输入不在范围之内，请重新输入!"，如图 7-9 所示。单击"确定"按钮，返回工作表。

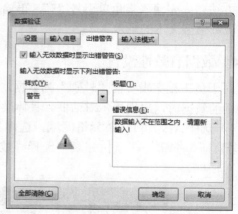

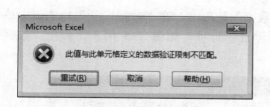

图 7-8 弹出的提示对话框

图 7-9 设置"出错警告"

6）此时，在单元格中输入一个不符合规则的数据，会弹出如图 7-10 所示的错误提示对话框。

7）若单击"是"按钮，则在该单元格中使用输入的数据，并可继续在其他单元格中输入该数据；若单击"否"按钮，则可以更改数据；若单击"取消"按钮，则取消该数据的输入。

图 7-10　错误提示对话框

7.2.5　单元格合并居中

通常，表格标题放在整个数据表的中间，最简单的方法就是通过"合并后居中"来实现，具体操作步骤如下。

表格格式化

1）选中单元格区域 A1∶H1。

2）选择"开始"选项卡，在"对齐方式"功能组中单击"合并后居中"按钮，如图 7-11 所示，合并后的单元格内容会居中显示。

注意：单击"合并后居中"右侧的下拉按钮，在弹出的下拉列表中提供了多种合并方式，如图 7-12 所示。

图 7-11　"合并后居中"按钮

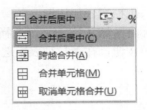

图 7-12　单元格合并方式

7.2.6　美化表格

表格的数据录入完毕后，就需要开始进行表格的美化。表格美化一般涉及表格文本的格式化，行高、列宽的设置，对齐方式的设置以及边框和底纹设置。具体操作步骤如下。

（1）表格文本格式化

选中单元格 A1，选择"开始"选项卡，在"字体"功能组中设置 A1 单元格文本的字体为"黑体"、字号为"18"。

选中单元格区域 A2∶H15，用同样的方法设置文本的字体为"宋体"、字号为"10"。

（2）行高和列宽的设置

要求设置员工档案表的行高为 25 像素，列宽为"自动调整列宽"。

调整行高和列宽前必须先将相关单元格选中。按〈Ctrl+A〉组合键选中整个工作表，选择"开始"选项卡，在"单元格"功能组中，单击"格式"按钮，在下拉列表中选择"自动调整列宽"选项，如图 7-13 所示。再次单击"格式"按钮，在下拉列表中选择"行高"选项，在弹出的"行高"对话框中输入"25"，如图 7-14 所示。

（3）对齐方式的设置

要求设置表格的内容水平居中，垂直居中。

对于需要设置对齐方式的单元格，操作前必须先将相关单元格选中，按〈Ctrl+A〉组合键选中整个工作表，选择"开始"选项卡，单击"对齐方式"功能组中的"居中"按钮，如图 7-15 所示。

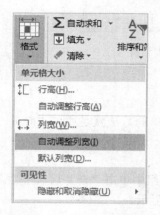 

图 7-13 "自动调整列宽"选项　　　　图 7-14 "行高"对话框

（4）边框设置

要求对员工档案表加边框。

选中单元格区域 A2：H15，选择"开始"选项卡，在"字体"功能组中单击"边框"按钮右侧的下拉按钮，在下拉列表中选择"所有框线"选项，如图 7-16 所示。为数据区域加上边框。

图 7-15 设置对齐方式　　　　图 7-16 边框设置

（5）底纹设置

要求为列标题设置底纹。

选中单元格区域 A2：H2，选择"开始"选项卡，在"字体"功能组中单击"填充颜色"按钮，从下拉列表中选择"橙色，个性色 2，淡色 60%"选项，如图 7-17 所示，为标题行添加底纹。

7.2.7　冻结窗格

拆分窗口是指将工作表窗口拆分为多个窗口，在每个窗口中均可显示工作表中的内容。冻结窗格是指将工作窗口中的某些行或列固定在可视区域内，使其不随滚动条的移动而移动。

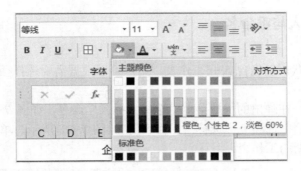

图 7-17　设置底纹

对于员工档案表，在录入的时候随着数据录入的增加，表格前面的内容会随滚动条的移动而移动，导致看不到列标题的情况，用冻结窗格可以很好地解决这个问题。具体操作步骤如下。

单击 A3 单元格，选择"视图"选项卡，在"窗口"功能组中单击"冻结窗格"按钮，在下拉列表中选择"冻结拆分窗格"选项，如图 7-18 所示。即可实现对标题行的冻结，窗格冻结效果如图 7-19 所示。

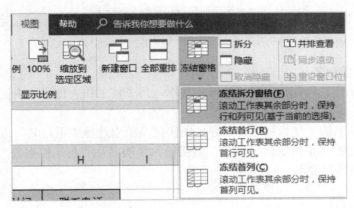

图 7-18　冻结窗格

	A	B	C	D	E	F	G	H
1	企业员工档案							
2	工号	姓名	性别	年龄	学历	部门	进入企业时间	联系电话
9	1007	陈强	男	28	大专	采购部	1997年11月1日	14705231469
10	1008	杨燕	女	28	本科	研发部	1999年12月1日	18752031568
11	1009	陈蔚	女	29	硕士	采购部	1996年4月1日	15961020406
12	1010	邱鸣	男	31	大专	广告部	2004年1月1日	18204092351
13	1011	王耀华	男	33	本科	文秘部	2003年2月1日	15950380002
14	1012	杜鹏	男	36	硕士	研发部	2000年10月1日	13012351359

图 7-19　窗格冻结效果图

7.2.8　工作表的插入与重命名

1．工作表的插入

新创建的工作簿默认仅包含 5 张工作表，用户可以根据需要选择插入或添加工作表，操作方法如下。

右击工作表标签，在弹出的快捷菜单中选择"插入"命令，如图 7-20 所示。打开 "插入"对话框，在"常用"选项卡中选择"工作表"，如图 7-21 所示。单击"确定"按钮，即可为工作簿添加一张新的工作表。

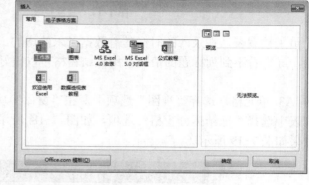

图 7-20　"插入"命令　　　　　　　　图 7-21　"插入"对话框

2．工作表的重命名

工作簿中的工作表名称都以默认的形式显示，为了使工作表使用起来更加方便，可以重命名工作表，操作方法如下。

右击需要重命名的工作表标签，在弹出的快捷菜单中选择"重命名"命令如图 7-20 所示，此时工作表标签将呈黑底白字显示，直接输入新的名称"员工档案表"，按〈Enter〉键即可完成对工作表的重命名。

7.2.9　工作表的打印

打印工作表时，根据不同的要求有不同的设置方法。具体操作步骤如下。

1．设置打印区域

设置打印区域是指将表格的部分单元格设置为打印区域，在执行打印操作时只打印该区域的表格内容。

如要求只打印"员工档案表"中的前 10 个人的信息，则具体操作步骤如下。

打开"员工档案表"，选中单元格区域 A3：H12，单击"文件"→"打印"菜单命令，在"设置"下拉列表框中选择"打印选定区域"，则在"打印预览"中只出现前 10 个人的基本信息，如图 7-22 所示。

2．设置打印标题

当表格内容较多时，为了使打印的表格内容更加便于查看，可在每页表格的最上面显示表格的标题、表头等内容。

如要求打印的"员工档案表"中的每一页都显示有标题和表头，则具体操作步骤如下。

打开"员工档案表"，选择"页面布局"选项卡，在"页面设置"功能组中，单击"打印标题"按钮，弹出"页面设置"对话框，在"打印标题"栏的"顶端标题行"文本框后单击"收缩"按钮，缩小对话框。按住鼠标左键不放拖动鼠标选中第 1、2 行单元格区域，单击"展开"按钮，返回"页面设置"对话框，此时"顶端标题行"文本框中显示选择的单元格区域，如图 7-23 所示。单击"确定"按钮，设置完成。

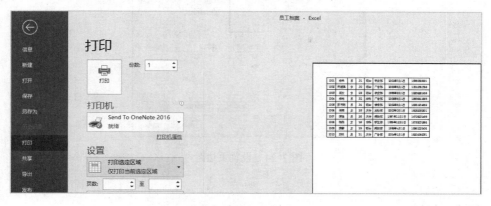

图 7-22　设置打印区域

图 7-23　"页面设置"对话框

3．设置页边距

当表格中的数据较多无法显示在一页上时，可以通过调整"页边距"来实现整页打印。

如要求将"员工档案表"中的所有列的内容都显示在 A4 纸上。操作步骤如下。

打开"员工档案表"，选择"页面布局"选项卡，在"纸张大小"下拉列表框中选择"A4"，在"页面设置"功能组中单击"页边距"按钮，在其下拉列表中选择"自定义页边距"选项，在弹出的"页面设置"对话框中，将左、右边距都设置为"0.1"，选中"居中方式"栏中的"水平"复选框，如图 7-24 所示，单击"确定"按钮即可。

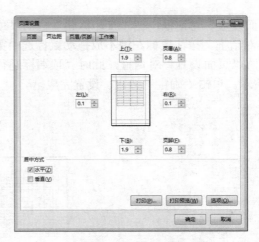

图 7-24　设置页边距

7.3　实例小结

本实例中通过员工档案的制作，学习了对于 Excel 工作簿的基本操作。实际操作中需要注意以下问题。

1）工作表的保存：〈Ctrl+S〉是保存工作簿的快捷键，为了降低突然断电等意外情况造成的损失，也可以设置自动保存时间，方法参照 Word 文档的自动保存设置。

2）Excel 中的录入数据主要分为 4 种：文本型、数值型、日期型和逻辑型。

对于数值型和文本型数据直接录入即可，但是要注意数字型文本，如实例中的"身份证号"，此时需要预先设置单元格格式或在数字前加半角单引号。

对于日期型数据，年月日之间可以用"–"或"/"隔开。对于有规律的数据系列，可以利用数据填充的方法进行数据录入。

对于项目个数少而规范的数据，在录入时可以考虑设置数据录入的有效性。

3）对于表格的美化，既可以为表格添加边框和底纹，也可以通过在"页面布局"选项卡"页面设置"功能组中单击"背景"按钮，为表格添加背景图片。或是通过在"插入"选项卡"文本"功能组中单击"艺术字"按钮，为表格添加艺术字效果。

4）"插入""删除""重命名"以及"设置工作表标签颜色"等操作可以通过右击工作表标签实现。

5）打印工作表时，要根据实际情况进行设置，打印前先进行预览，以查看所有的数据是否出现在同一页纸中。

7.4　经验技巧

7.4.1　录入技巧

1. 从 Word 表格文本中引入数据

要想将 Word 表格的文本内容引入 Excel 工作表中，可以通过执行"选择性粘贴"命令来实现。具体操作步骤如下。

先利用"复制"命令将 Word 表格文本内容添加到系统剪贴板中，然后在 Excel 工作表中定位到目标位置，单击"粘贴"按钮，在"粘贴"下拉列表中选择"选择性粘贴"选项，再选择"方式"列表框中的"文本"项，最后单击"确定"按钮即可。

2．以输入"0"开头的数字

在 Excel 单元格中，输入一个以"0"开头的数据后，往往在显示时会自动把"0"消除。要保留数字开头的"0"，其实是非常简单的。只要在输入数据前先输入一个"'"（英文状态下的单引号），然后输入以"0"开头的数字即可。

3．在常规格式下输入分数

当在工作表的单元格中输入如"2/5""6/7"等形式的分数时，系统会自动将其转换为日期格式。要实现在"常规"模式下分数的输入，只要在输入分数前先输入"0+空格符"，再输入分数即可，如输入"0□2/3"（□表示空格）即正确显示为"2/3"。

需要注意的是，利用此方法输入的分数的分母不能超过 99，否则输入结果显示将被替换为分母小于或等于 99 的分数。如输入"2/101"，系统会将其转换为近似值"1/50"。

4．在单元格中自动输入时间和日期

要让系统自动输入时间和日期，可以选中目标单元格，按〈Ctrl+;〉组合键可直接输入当前日期，按〈Ctrl+Shift+;〉组合键可直接输入当前时间。当然，也可以在单元格中先输入其他文字，再按以上组合键，如先输入"当前时间为:"，再按〈Ctrl+Shift+;〉组合键，就会在单元格中显示"当前时间为：10:15"。

以上方法美中不足的是，输入的时间和日期是固定不变的。如果希望日期、时间随当前系统自动更新，则可以利用函数来实现。输入函数"=today()"得到当前的系统日期，输入函数"=now()"得到当前的系统时间和日期。

5．为不相连的单元格快速输入相同信息

如果要输入相同内容的单元格不连续，可以使用下面的方法来实现快速输入。

首先按住〈Ctrl〉键选择所有要输入相同内容的单元格，然后将光标定位到编辑栏中，输入需要的数据。输入完成后按住〈Ctrl〉键不放，再按〈Enter〉键，这样输入的数据就会自动填充到所有选中的单元格了。

6．在多个工作表中同时输入相同数据

如果要在不同的工作表中输入相同的内容，可以试试以下方法。

先按住〈Ctrl〉键，然后用鼠标单击左下角的工作表名称来选定多个工作表。这样所选择的工作表就会自动成为一个"成组工作表"。只要在任意一个工作表中输入数据，其他工作表也会增加相同的数据内容。如果要取消"成组工作表"模式，只要在任一工作表名称上右击鼠标，在弹出的快捷菜单中选择"取消成组工作表"命令即可。

7.4.2　编辑技巧

1．利用"填充柄"快速输入相同数据

在编辑工作表时，有时整行或整列需要输入的数据都一样。很显然，如果一个单元格一个单元格地输入实在太麻烦。利用鼠标拖动"填充柄"可以实现快速输入，具体操作步骤如下。

首先在第一个单元格中输入需要的数据，然后单击选中该单元格，再移动鼠标指针至该单元格右下角的填充柄处,当指针变为黑色"+"字形时,按住鼠标左键,同时根据需要按行或者列方向拖动鼠标,选中所有要输入相同数据的单元格,最后松开鼠标即可。这样数据就会自动复制到刚才选中的所有单元格。注意,上述方法只适用于文本信息的输入。如果要重复填充时间或日期数据,使用上述方法填充的将是一个按升序方式产生的数据序列。这时可以先按住〈Ctrl〉键,再拖动填充柄,填充的数据就不会改变了。

2.在连续单元格中自动输入等比数据序列

要在工作表中输入一个较大的等比序列,可以通过填充的方法来实现,具体操作步骤如下。

首先在第一个单元格中输入该序列的起始值,然后选择要填充的所有单元格,再在"开始"选项卡"编辑"功能组中单击"填充"按钮,在"填充"下拉列表中选择"序列"选项。在弹出的"序列"对话框中,选择"类型"栏中的"等比序列"单选按钮,再在"步长"文本框中输入等比序列的比值。然后在"终止值"文本框中输入一个数字,该数字不一定是该序列的最后一个值,只要比最后一个数大就可以。最后单击"确定"按钮即可。这样系统自动按照要求将序列填充完毕。

3.快速实现整块数据的移动

在工作中常常需要移动单元格中的数据,直接采用拖动的方法,比"粘贴"操作更快捷。具体操作步骤如下。

首先选择要移动的数据(注意必须是连续的区域),然后移动鼠标到边框处,当鼠标指针变成一个四箭头标志时,按住〈Shift〉键的同时按下鼠标左键,拖动鼠标至要移动的目的区域(可以从鼠标指针右下方的提示框中获知是否到达目标位置),放开鼠标左键即完成移动。

7.5 拓展练习

1.创建如图7-25所示的名称为"学生成绩单"的Excel工作簿,输入并进行以下设置:

<table>
<tr><th colspan="8">学生成绩汇总表</th></tr>
<tr><th>序号</th><th>学号</th><th>姓名</th><th>高数</th><th>英语</th><th>电工</th><th>三论</th><th>实训</th></tr>
<tr><td>1</td><td>31012101</td><td>王小丽</td><td>90</td><td>87</td><td>76</td><td>80</td><td>良</td></tr>
<tr><td>2</td><td>31012102</td><td>李芳</td><td>71</td><td>66</td><td>82</td><td>57</td><td>中</td></tr>
<tr><td>3</td><td>31012103</td><td>孙燕</td><td>83</td><td>55</td><td>93</td><td>79</td><td>良</td></tr>
<tr><td>4</td><td>31012104</td><td>李雷</td><td>83</td><td>80</td><td>85</td><td>91</td><td>优</td></tr>
<tr><td>5</td><td>31012105</td><td>刘明</td><td>51</td><td>70</td><td>87</td><td>62</td><td>及格</td></tr>
<tr><td>6</td><td>31012106</td><td>赵利</td><td>88</td><td>42</td><td>63</td><td>77</td><td>良</td></tr>
<tr><td>7</td><td>31012107</td><td>王一鸣</td><td>94</td><td>61</td><td>84</td><td>52</td><td>不及格</td></tr>
<tr><td>8</td><td>31012108</td><td>李大鹏</td><td>76</td><td>80</td><td>70</td><td>85</td><td>中</td></tr>
<tr><td>9</td><td>31012109</td><td>郑亮</td><td>89</td><td>92</td><td>96</td><td>93</td><td>优</td></tr>
<tr><td>10</td><td>31012110</td><td>孙志</td><td>78</td><td>94</td><td>89</td><td>90</td><td>良</td></tr>
</table>

图7-25 学生成绩单

1）将标题"学生成绩汇总表"合并居中，黑体，20号，加粗。

2）列标题的字体设置为宋体，12号，加粗显示，水平居中，垂直居中，底纹设置为黄色。

3）表格数据设置为宋体，12号，水平居中，垂直居中。

4）设置表格行高为25像素，列宽为最适合列宽。

5）为数据表添加边框线，其中外框线为双实线，内框线为单实线。

6）对不及格的成绩用加粗、倾斜、红色显示。提示：通过在"开始"选项卡"样式"功能组中单击"条件格式"按钮实现。

7）以"学生成绩单"对工作表进行重命名。

2. 王海是某公司的销售部经理助理，现在要统计分析当年各业务员的销售情况，以便了解业务员的销售能力，调整他们的业务范围和职位。现在，王海将这一年四季度的各业务员的销售业绩录入到"销售业绩报表.xlsx"中。效果如图7-26所示。

请你根据下列要求帮助王海对该销售业绩报表进行整理和分析。

1）将标题行进行合并并居中。

2）对工作表"全年销售业绩"中的数据列表进行格式化操作：将第1列"业务编号"列设为文本，将所有销售量列设为保留整数数值；适当加大行高和列宽，改变字体、字号，设置对齐方式，增加适当的边框和底纹以使工作表更加美观。

3）利用"条件格式"功能进行下列设置：将第一季度和第二季度中低于500的"销售量"以一种文本颜色表示，其他两季度中高于900的"销售量"用另一种文本颜色表示。

全年销售业绩							
业务编号	姓名	第一季度	第二季度	第三季度	第四季度	平均销售量	总销售量
130207	江娟	456	654	716	449	569	2275
130302	乐娟	578	715	897	564	689	2754
130101	李金娜	451	482	695	642	568	2270
130102	李丽	659	862	896	985	851	3402
130201	刘德发	235	186	458	225	276	1104
130105	钱多多	486	258	695	865	576	2304
130301	邱雅培	266	698	654	984	651	2602
130306	石磊	659	458	248	247	403	1612
130103	孙德标	325	456	587	745	528	2113
130202	谭鱼头	856	951	248	476	633	2531
130203	王罕华	563	486	978	156	546	2183
130206	王辉	689	928	856	651	781	3124
130304	王强	652	951	479	149	558	2231
130305	王杉	413	413	643	565	509	2034
130205	王尚强	745	753	987	941	857	3426
130106	徐柏盆	953	321	632	669	644	2575
130204	徐婷婷	541	394	285	894	529	2114
130107	许如云	916	496	548	648	652	2608
130303	杨静	789	879	967	758	848	3393

图7-26 销售业绩表

实例 8　学生成绩统计与分析

8.1　实例简介

8.1.1　实例需求与展示

为了对上个学期的学生成绩进行排名并进行奖学金评定，应用专业 1 班的班主任需要对同学的期末考试成绩进行统计与分析，要求如下。

- 计算考试成绩的平均分。
- 统计不同分数段的学生人数以及最高、最低平均成绩。效果如图 8-1 所示。

序号	学号	姓名	高数	英语	电工	三论	实训	实训转换成绩	平均成绩
\multicolumn{10}{c}{学生成绩汇总表}
1	31012101	王小丽	90	87	76	80	良	85	83.89
2	31012102	李芳	71	66	82	57	中	75	66.89
3	31012103	孙燕	83	55	93	79	良	85	76.78
4	31012104	李雷	83	80	85	91	优	95	86.56
5	31012105	刘明	51	70	87	62	及格	65	64.44
6	31012106	赵利	88	42	63	77	良	85	71.00
7	31012107	王一鸣	94	61	84	52	不及格	55	67.22
8	31012108	李大鹏	76	80	70	85	中	75	79.11
9	31012109	郑亮	89	92	96	93	优	95	92.44
10	31012110	孙志	78	94	89	90	良	85	87.56

课程名	学分值		学生平均成绩分段统计		
			分数段	人数	比例
高数	4		90分以上	1	10.00%
英语	4		80-89分	3	30.00%
电工	2		70-79分	3	30.00%
三论	6		60-69分	3	30.00%
实训	2		0-59分	0	0.00%
总学分	18		总计	10	100.00%
			最高分	92.44	
			最低分	64.44	

图 8-1　计算平均分及分段统计效果图

- 使用学校规定的加权公式，计算每位同学必修课程的加权平均成绩。
- 按照德、智、体分数以 2：7：1 的比例计算每名学生的总评成绩，并进行排名。效果如图 8-2 所示。

	A	B	C	D	E	F	G	H
1	应用专业1班学生总评成绩及排名							
2	序号	学号	姓名	德育	智育	文体	总评	排名
3	1	31012101	王小丽	93.83	83.89	90.00	86.49	4
4	2	31012102	李芳	88.11	66.89	86.00	73.04	7
5	3	31012103	孙燕	84.14	76.78	86.00	79.17	6
6	4	31012104	李雷	99.56	86.56	98.00	90.30	2
7	5	31012105	刘明	79.30	64.44	91.00	70.07	9
8	6	31012106	赵利	76.21	71.00	81.00	73.04	8
9	7	31012107	王一鸣	71.37	67.22	71.00	68.43	10
10	8	31012108	李大鹏	85.46	79.11	80.00	80.47	5
11	9	31012109	郑亮	92.51	92.44	73.00	90.51	1
12	10	31012110	孙志	100.00	87.56	85.00	89.79	3

图 8-2 计算学生总评成绩及排名后的效果图

8.1.2 知识技能目标

本实例涉及的知识点主要有：公式与函数的使用、相对引用和绝对引用、工作表的复制和移动。

知识技能目标：

- 掌握 Excel 中公式的使用。
- 掌握相对引用和绝对引用。
- 掌握常用函数的使用。
- 掌握工作表的复制和移动。

8.2 实例实现

Excel 具有强大的计算功能，其提供的丰富的公式和函数可以大大方便对工作表中数据的分析和处理。本实例中对学生成绩的统计与分析就是一个典型的案例。需要注意的是，Excel 中的公式遵循一个特定的语法，在输入公式或函数前必须先输入一个等号。

转换成绩与
平均成绩
计算

8.2.1 利用 IF 函数转换成绩

IF 函数是 Excel 中常用的函数之一。它是一个执行真假值判断的函数，根据逻辑计算的真假值，返回不同的结果。可以使用 IF 函数对数值和公式进行条件检测。

IF 函数语法为：IF(logical_test,value_if_true,value_if_false)

参数说明：logical_test 表示计算结果为 TRUE 或 FALSE 的任意值或表达式。value_if_true 是 logical_test 为 TRUE 时返回的值。value_if_false 是 logical_test 为 FALSE 时返回的值。

IF 函数中包含 IF 函数的情况叫作 IF 函数的嵌套。

利用 IF 函数将实训成绩由五级制转换为百分制，具体操作步骤如下。

1）打开实例 7 习题中的"学生成绩单"工作簿，并将 Sheet1 工作表重命名为"原始成绩数据"。

2）按住〈Ctrl〉键的同时拖动工作表标签，创建该工作表的副本，并将其重命名为"课程成绩"。

3）在"课程成绩"工作表的"实训"列后添加列标题"实训转换成绩"。

4）将光标移至 I3 单元格，并在其中输入公式"=if(h3="优",95,if(h3="良",85,if(h3="中",75,if(h3="及格",65,55))))"，按〈Enter〉键，将序号为"1"的学生的实训成绩转换成百分制。

5）将鼠标移到 I3 单元格右下角，当鼠标变成黑色实心指针时，按住鼠标左键向下拖动至 I12 单元格，松开鼠标，利用填充柄将其他学生的实训成绩转换成百分制，调整 I 列的列宽，如图 8-3 所示。

序号	学号	姓名	高数	英语	电工	三论	实训	实训转换成绩
			学生成绩汇总表					
1	31012101	王小丽	90	87	76	80	良	85
2	31012102	李芳	71	66	82	57	中	75
3	31012103	孙燕	83	55	93	79	良	85
4	31012104	李雷	83	80	85	91	优	95
5	31012105	刘明	51	70	87	62	及格	65
6	31012106	赵利	88	42	63	77	良	85
7	31012107	王一鸣	94	61	84	52	不及格	55
8	31012108	李大鹏	76	80	70	85	中	75
9	31012109	郑亮	89	92	96	93	优	95
10	31012110	孙志	78	94	89	90	良	85

图 8-3　用 IF 函数转换后效果图

8.2.2　利用公式计算平均成绩

公式是对单元格中的数据进行处理的等式，用于完成算术、比较或逻辑等运算。Excel 中的公式遵循一个特定的语法，即最前面是等号，后面是运算数和运算符。每个运算数可以是数值、单元格区域的引用、标志、名称或函数。

按照学校的计算公式，学生的平均成绩是由每门课的成绩乘以对应的学分，求和之后除以总学分得到。具体操作步骤如下。

1）在单元格 A15、B15 中分别输入文本"课程名称"和"学分值"。

2）选中 D2∶H2 单元格区域，之后按〈Ctrl+C〉组合键，将其复制到剪贴板中。

3）右击 A16 单元格，在快捷菜单中选择"选择性粘贴"命令，打开"选择性粘贴"对话框，选择"转置"复选框，如图 8-4 所示。单击"确定"按钮，将课程名称粘贴到单元格 A16 开始的列中连续的单元格区域，之后将这些单元格的填充颜色去掉，并在其后相应的单元格中输入学分。

4）在 A21 单元格中输入"总学分"，然后将光标置于单元格 B21 中，选择"公式"选项卡，在"函数库"功能组中单击"自动求和"按钮，如图 8-5 所示。在 B21 单元格中显示"=SUM(B16:B20)"，按〈Enter〉键，得到总学分。

图 8-4　"选择性粘贴"对话框

图 8-5　"自动求和"按钮

5）选中单元格区域 A15：B21，选择"开始"选项卡，单击"字体"功能组中的"边框"按钮，在下拉列表中选择"所有框线"选项，对此单元格区域添加边框。并设置单元格区域中的文本内容居中对齐，结果如图 8-6 所示。

6）单击 J2 单元格并在其中输入文本"平均成绩"，按〈Enter〉键后 J3 单元格将变成活动单元格，根据学生平均成绩计算公式，在其中输入公式"=(D3*\$B\$16+E3*\$B\$17+F3*\$B\$18+G3*\$B\$19+I3*\$B\$20)/\$B\$21"，按〈Enter〉键，计算出序号为"1"的学生的平均成绩。输入过程中可单击选中课程成绩、学分所在的单元格，并将对所选单元格的相对引用改为绝对引用。（注：此处用了 Excel 中的相对引用与绝对引用，详见实例小结。）

15	课程名	学分值
16	高数	4
17	英语	4
18	电工	2
19	三论	6
20	实训	2
21	总学分	18

图 8-6　课程学分表

7）利用填充柄，计算出所有学生的平均成绩。

8）选中单元格区域 A1：J1，在"开始"选项卡"对齐方式"功能组中单击"合并后居中"按钮，实现表格标题的居中操作。

9）选中单元格区域 A2：J12，在"开始"选项卡"字体"功能组中单击"边框"按钮，在下拉列表中选择"所有线框"选项为表格添加边框。

10）选中单元格区域 J3：J12，单击"字体"功能组右下角的对话框启动器按钮，打开"设置单元格格式"对话框，选择"数字"选项卡，选择"分类"列表框中的"数值"选项，其他设置保持默认值，如图 8-7 所示。单击"确定"按钮，将平均成绩保留两位小数。

11）选中单元格区域 D3：G12，在"开始"选项卡"样式"功能组中单击"条件格式"按钮，在下拉列表中选择"清除规则"→"清除所选单元格的规则" 选项，如图 8-8 所示，将考试成绩中的条件格式删除。

12）选中单元格区域 A2：J12，单击"对齐方式"功能组中的"合并后居中"按钮，使表格内容居中，如图 8-9 所示。

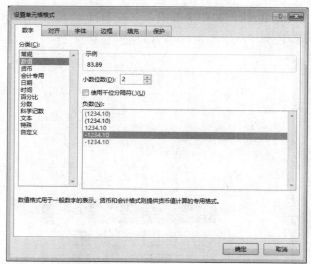

图 8-7 "设置单元格格式"对话框   图 8-8 "清除规则"命令

学生成绩汇总表									
序号	学号	姓名	高数	英语	电工	三论	实训	实训转换成绩	平均成绩
1	31012101	王小丽	90	87	76	80	良	85	83.89
2	31012102	李芳	71	66	82	57	中	75	66.89
3	31012103	孙燕	83	55	93	79	良	85	76.78
4	31012104	李雷	83	80	85	91	优	95	86.56
5	31012105	刘明	51	70	87	62	及格	65	64.44
6	31012106	赵利	88	42	63	77	良	85	71.00
7	31012107	王一鸣	94	61	84	52	不及格	55	67.22
8	31012108	李大鹏	76	80	70	85	中	75	79.11
9	31012109	郑亮	89	92	96	93	优	95	92.44
10	31012110	孙志	78	94	89	90	良	85	87.56

图 8-9 表格内容格式化后效果图

8.2.3 利用 COUNTIF 函数统计分段人数

统计分段
人数

COUNTIF 函数是用来统计某个单元格区域中符合指定条件的单元格数目的函数。

COUNTIF 函数的语法为：COUNTIF(range, criteria)

参数说明：range 表示要计算其中非空单元格数目的区域（为了便于公式的复制，最好采用绝对引用）；criteria 表示以数字、表达式或文本形式定义的条件。

分段统计考试成绩的人数及比例，有助于班主任开展工作。具体操作步骤如下。

1）在 D15 开始的单元格区域建立统计分析表，并为该区域添加边框、设置对齐方式，如图 8-10 所示。

2）单击 E17 单元格，选择"公式"选项卡，单击"插入函数"按钮，打开"插入函数"对话框，在"选择函数"列表框中选择"COUNTIF"，如图 8-11 所示。单击"确定"按钮，打开"函数参数"对话框，将对话框中"Range"框内的内容修改为"J3：J12"，接着在"Criteria"框中输入条件"">=90""，如图 8-12 所示。单击"确定"按钮，统计出 90 分以上的人数。

学生平均成绩分段统计		
分数段	人数	比例
90分以上		
80-89分		
70-79分		
60-69分		
0-59分		
总计		
最高分		
最低分		

图 8-10　分段统计表

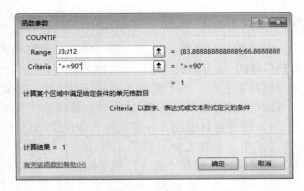

图 8-11　"插入函数"对话框　　　　图 8-12　设置 COUNTIF 函数参数

3）利用填充柄将 E17 单元格公式复制到 E18 单元格，并将公式中的">=90"改为">=80"并在公式后添加"-COUNTIF($J$3:$J$12, ">=90")"，按〈Enter〉键，统计出平均分在 80～89 之间的人数。

4）将 E19、E20、E21 单元格中的公式分别设置为："=COUNTIF($J$3:$J$12,">=70")-COUNTIF($J$3:$J$12,">=80")"" =COUNTIF($J$3:$J$12,">=60")-COUNTIF($J$3:$J$12,">=70")" "=COUNTIF($J$3:$J$12,"<60")"，统计各分数段人数，并设置数值格式为整数。

5）单击 E22 单元格，按〈Alt+Enter〉组合键，利用求和的快捷键求总和。

6）单击 F17，在其中输入公式"=E17/$E$22"，按〈Enter〉键统计出 90 分以上所占的比例。

7）利用填充柄，自动填充其他分数段的比例数据。

8）选中单元格区域 F17：F22，选择"开始"选项卡，在"数字"功能组中单击"数字格式"下拉按钮，在下拉列表中选择"百分比"选项。单击"确定"按钮，数值均以百分比形式显示。

9）将光标移到 E23 单元格中，选择"公式"选项卡，在"函数库"功能组中单击"自动求和"按钮下方的下拉按钮，在下拉列表中选择"最大值"选项，如图 8-13 所示。拖动鼠标选中平均成绩所在的单元格区域 J3：J12，按〈Enter〉键计算出平均成绩最高分。

10）用同样的方法在 E24 中求出最小值，设置对齐方式后，分段统计效果如图 8-14

所示。

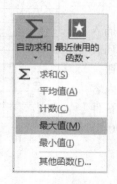

学生平均成绩分段统计		
分数段	人数	比例
90分以上	1	10.00%
80-89分	3	30.00%
70-79分	3	30.00%
60-69分	3	30.00%
0-59分	0	0.00%
总计	10	100.00%
最高分	92.44	
最低分	64.44	

图 8-13 "最大值"选项 　　　　　图 8-14 分段统计效果图

8.2.4 计算总评成绩

学生的总评成绩是由德、智、体三方面的成绩以 2∶7∶1 的比例计算的。学生的德育分数是以 100 分为基础，根据学生的出勤、参加集体活动、获奖等情况，以班级制定的加、减分规则积累获得。为了班级之间具有参照性，需要以班级德育分数最高的学生为 100 分，然后按比例换算得到其他同学的分数。具体操作步骤如下。

1）打开素材中的工作簿文件"学生学期总评.xlsx"。

2）在"德育文体分数"工作表中，右击 E 列，在弹出的快捷菜单中选择"插入"命令，在"德育"列和"文体"列之间插入一个空列。

3）单击 E2 单元格，输入文本"德育换算分数"，在 E3 单元格中输入公式"=D3/MAX($D$3:$D$12)*100"，按〈Enter〉键，换算出该学生的德育换算分数。

4）利用填充柄，自动填充其他学生换算后的德育分数。

5）双击"学生学期总评"工作簿中的 Sheet2 工作表，将其重命名为"总评及排名"，并在 A1 单元格中输入文本"应用专业 1 班学生总评成绩及排名"。

6）将工作表"德育文体分数"中单元格区域 A2∶C12 的内容复制到工作表"总评及排名"中以 A2 单元格开始的区域。

7）在"总评及排名"工作表的 D2∶H2 单元格区域中依次输入文本"德育""智育""文体""总评"和"排名"。

8）选择"德育文体分数"工作表中的 E3∶E12 单元格区域（即德育换算分数），按〈Ctrl+C〉键进行复制，选择"总评及排名"工作表，右击 D3 单元格，在弹出的快捷菜单中选择"粘贴选项"中的"值"选项，如图 8-15 所示，实现德育分数的复制。

图 8-15 选择"值"选项

9）选择"学生成绩单"工作簿中"课程成绩"表中的单元格区域 J3∶J12，用同样的方法，将数值复制到"学生学期总评"工作簿"总评及排名"工作表的以 E3 单元格开始的区域。

10）将工作表"德育文体分数"中的"文体"分数复制到工作表"总评及排名"中以单元格 F3 开始的区域。

11）在工作表"总评及排名"的 G3 单元格中输入公式"=D3*0.2+E3*0.7+F3*0.1"，按〈Enter〉键，计算出序号为"1"的学生的总评成绩。

12）利用填充柄，填充其他学生的总评成绩。

8.2.5 利用 RANK 函数排名

RANK 函数的功能是返回某数字在一列数字中相对于其他数值的大小排位。

RANK 函数的语法：RANK(number, ref, order)

参数说明：number 是需要排名次的单元格名称或数值；ref 是引用单元格（区域）；order 是排名的方式，1 表示由小到大，即升序，0 表示由大到小，即降序。

学生总评成绩出来之后就可以利用 RANK 函数对其进行排名了。具体操作步骤如下。

1）选择工作表"总评及排名"，选中 H3 单元格，单击"名称框"右侧的插入函数按钮，如图 8-16 所示。

2）在弹出的"插入函数"对话框中选择函数"RANK"，单击"确定"按钮，如图 8-17 所示，弹出"函数参数"对话框。

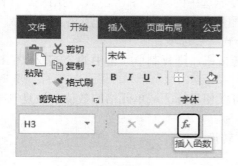

图 8-16 "插入函数"按钮

图 8-17 "插入函数"对话框

3）在"函数参数"对话框中分别输入各参数，当光标位于"Number"参数框时，单击单元格 G3 选中序号为"1"的学生的总评成绩；之后将光标移至"Ref"参数框，选中工作表区域 G3：G12，并按〈F4〉键将其引用方式修改为绝对引用；最后将光标移至"Order"参数框，输入"0"，如图 8-18 所示。单击"确定"按钮，计算出序号为"1"的学生排名。

4）利用填充柄填充其他学生的排名。

5）将 A1：H1 单元格进行合并后居中，并设置文本字体为"黑体"，20 号字。

6）选中单元格区域 A2：H12，为此区域设置边框，并将文本对齐方式设置为"居中"。

7）选中单元格区域 D3：G12，为此区域设置数字格式，将数值保留两位小数。效果如

图 8-2 所示。

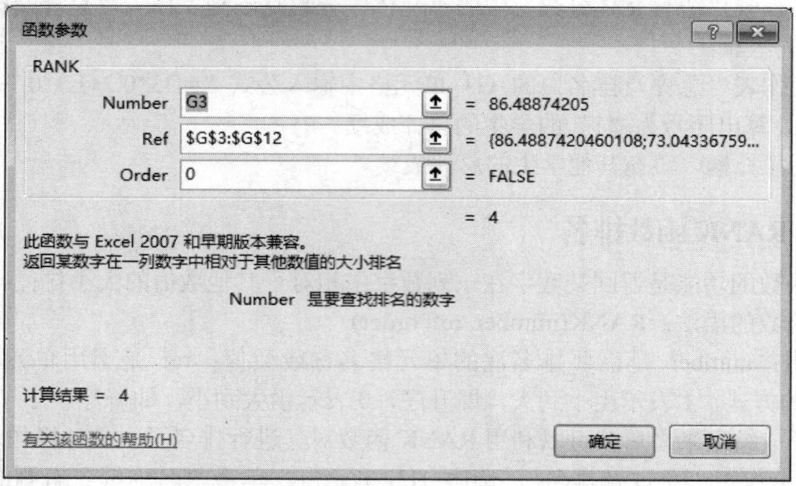

图 8-18 "函数参数"对话框

8.3 实例小结

本实例通过对学生考试成绩的统计与分析,学习了 Excel 工作簿中公式和函数的使用、选择性粘贴、相对引用和绝对引用等。实际操作中需要注意以下问题。

1) 选择性粘贴:在 Excel 2016 中,除了能够复制选中的单元格,还可以利用"选择性粘贴"进行有选择的复制,在"选择性粘贴"对话框中的各种粘贴方式如下所述。

- "粘贴"栏:用于设置粘贴"全部"还是"公式"等选项。
- "运算"栏:如果选择了除"无"之外的单选按钮,则复制单元格中的公式或数值将与粘贴单元格中数值进行相应的运算。
- "跳过空单元"复选框:选中该复选框后,可以使目标区域单元格的数值不被复制区域的空白单元格覆盖。
- "转置"复选框:用于实现行、列数据的位置转换。

2) 关于公式要注意以下几点。

- 公式以"="开始,后面是用于计算的表达式。
- 公式输入完毕后,按〈Enter〉键或单击编辑栏中的"输入"按钮,即可在输入公式的单元格中显示出计算机结果,公式内容显示在编辑栏中。
- 公式中的英文字母不区分大小写,运算符必须是半角符号;在输入公式时,可以使用鼠标直接选中参与计算的单元格,从而提高输入公式的效率。
- 编辑公式与编辑数据的方法相同。如果要删除公式中的某些项,可以在编辑栏中用鼠标选中要删除的部分,然后按〈Delete〉键。如果要替换公式中的某些部分,则先选定被替换的部分,然后进行修改。

3) 相对引用、绝对引用和混合引用。

- 相对引用是指复制或移动公式时,引用单元格的行号、列标会根据目标单元格所在的行号、列标的变化自动进行调整。

● 绝对引用是指复制或移动公式时，不论目标单元格在什么位置，公式中引用单元格的行号和列标均保持不变。其表示方法是在列标和行号的前面都加上符号"$"，即表示为"$列标$行号"。

● 混合引用是指在复制或移动公式时，引用单元格的行号或列标中只有一个进行自动调整，而另一个保持不变，其表示方法是在行号或列标二者之一前面加上符号"$"，即表示为"$列标行号"或"列标$行号"。

● 将光标移至要转换引用方式的单元格地址，然后反复按〈F4〉键，可以在单元格地址引用的几种表示方法之间转换。

● 如果要引用其他工作表的单元格，则应在引用地址之前说明单元格所在的工作表名称，即表示为"工作表名!单元格地址"。

4）常见函数举例

● SUM：一般格式是"SUM(计算区域)"，功能是计算各参数的和，参数可以是数值或是对含有数值的单元格区域的引用。

● SUMIF：一般格式是"SUMIF(条件判断区域, 条件，求和区域)"，功能是根据指定条件对若干单元格求和。其中，条件可以用数字、表达式、单元格引用或文本形式定义。

● SUMIFS：一般格式是"SUMIFS(求和区域, 条件判断区域 1,条件 1,条件判断区域 2, 条件 2，……)"，功能是根据多个指定条件对若干单元格求和。

● ABS：一般格式是"ABS(数字)"，功能是返回数字的绝对值。其中，数字是需要计算其绝对值的实数，如果数字是字符，则在单元格中返回错误值"#VALUE"或者"#NAME?"。

● INT：一般格式是"INT(数字)"，功能是将数字向下取整为最接近的整数。其中，数字是需要进行向下舍入取整的实数。

● ROUND：一般格式是"ROUND(数字,位数)"，功能是返回按指定位数进行四舍五入的数值。

● TRUNC：一般格式是"TRUNC(数字,[取整精度数字])"，功能是将数字的小数部分截去，返回整数。其中，[取整精度数字] 为可选参数，用于指定取整精度的数字，默认为 0。

● VLOOKUP：一般格式是"VLOOKUP(要查找的值, 查找区域, 数值所在列, 匹配方式)"，功能是按列查找，最终返回该列所需查询列序所对应的值。其中，匹配方式是一个逻辑值，如果为 TRUE 或 1，函数将查找近似匹配值，如果为 FALSE 或 0，则进行精确匹配。

● IF：一般格式是"IF(条件,条件为真时的返回值,条件为假时的返回值)"，功能是执行真假判断，根据逻辑计算的真假值，返回不同结果。

● NOW：一般格式是"NOW()"，功能是返回系统当前的日期和时间。

● TODAY：一般格式是"TODAY()"，功能是返回系统当前的日期。

● YEAR：一般格式是"YEAR(日期值)"，功能是返回日期值中的年份。其中日期值的格式为"年/月/日"或"年-月-日"的形式。

● AVERAGE：一般格式是" AVERAGE(计算区域)"，功能是计算各参数的算术平均值。
- AVERAGEIF：一般格式是"AVERAGEIF(条件判断区域,条件,求平均值区域)"，功能是根据指定条件对若干单元格计算算术平均值。
- COUNT：一般格式是"COUNT(计算区域)"，功能是统计区域中包含数字的单元格的个数。
- COUNTIF：一般格式是"COUNTIF(计算区域,条件)"，功能是统计区域内符合指定条件的单元格数目。其中，计算区域表示要计数的非空区域，空值和文本值将被忽略。
- MAX：一般格式是"MAX(计算区域)"，功能是返回一组数值中的最大值。
- MIN：一般格式是"MIN(计算区域)"，功能是返回一组数值中的最小值。
- RANK：一般格式是"RANK(查找值, 参照的区域, 排序方式)"，功能是返回某数值在一组数值中相对其他数值的大小排名，当参数"排序方式"省略时，名次基于降序排列。
- LEN：一般格式是"LEN(文本串)"，功能是统计字符串中的字符个数。
- LEFT：一般格式是"LEFT(文本串,截取长度)"，功能是从文本的开始返回指定长度的子串。
- RIGHT：一般格式是"RIGHT(文本串,截取长度)"，功能是从文本的尾部返回指定长度的子串。
- MID：一般格式是"MID(文本串,起始位置,截取长度)"，功能是从文本的指定位置返回指定长度的子串。

5）在 Excel 表格中输入公式或函数后，其运算结果有时会显示为错误的值，要纠正这些错误值，必须先了解出现错误的原因，才能找到解决的方法。常见的错误值有以下几种：

- ####错误：出现该错误值的常见原因是单元格列宽不够，无法完全显示单元格中的内容或单元格中包含负的日期时间值，解决方法是调整单元格列宽或应用正确的数字格式，保证日期与时间公式的准确性。
- #VALUE!错误：当使用的参数或操作数值类型错误，以及公式自动更正功能无法更正公式时都会出现该错误值。解决方法是确认公式或函数所需的运算符和参数是否正确，并查看公式引用的单元格中是否为有效数值。
- #NULL!错误：当指定两个不相交的区域的交集时，将出现该错误值，产生错误值的原因是使用了不正确的区域运算符，交集运算符是分隔公式中引用的空格字符。解决方法是检查在引用连续单元格时，是否用英文状态下冒号分隔引用的单元格区域中的第一个单元格和最后一个单元格，如未分隔或引用不相交的两个区域，则一定使用联合运算符（逗号","）将其分隔开来。
- #N/A 错误：当公式中没有可用数值，以及 HLOOPUP、LOOPUP、MATCH 或 VLOOKUP 工作表函数的 lookup_value 参数不能赋予适当的值时，将产生该错误值。解决方法是可在单元格中输入"#N/A"，公式在引用这类单元格时将不进行数值计算，而是返回#N/A 或检查 lookup_value 参数值的类型是否正确。
- #REF!错误：当单元格引用无效时就会产生该错误值，出错原因是删除了其他公式所引用的单元格，或将已移动的单元格粘贴到其他公式所引用的单元格中。解决方法是更改公式，或在删除和粘贴单元格后恢复工作表中的单元格。

8.4 经验技巧

8.4.1 函数编辑技巧

1．巧用 IF 函数清除 Excel 工作表中的"0"

有时引用的单元格区域内没有数据，Excel 仍然会计算出一个结果"0"，这使得报表非常不美观。怎样才能去掉这些无意义的"0"呢？

利用 IF 函数可以有效地解决这个问题。

IF 函数是使用比较广泛的一个函数，可以对数值的公式进行条件检测，对真假值进行判断，根据逻辑测的真假返回不同的结果。它的表达式为：IF（logical_test,value_if_true,value_if_false），logical_test 表示计算结果为 TRUE 或 FALSE 的任意值或表达式。例如 Al>=100 就是一个逻辑表达式，如果 A1 单元格中的值大于等于 100，表达式结果即为 TRUE，否则结果为 FALSE；value_if_true 表示当 logical_test 为真时返回的值，也可是公式；value_if_false 表示当 logical_test 为假时返回的值或其他公式。所以形如公式"=IF(SUM(B1:C1), SUM(B1:C1), "")"所表示的含义为：如果单元格区域 B1：C1 内有数值且求和为真，其中的数值将被进行求和运算；反之，如果单元格区域 B1：C1 内没有任何数值或求和为假，那么存放计算结果的单元格显示为一个空白单元格。

2．批量求和

对数字求和是经常遇到的操作。除传统的输入求和公式并复制外，对于连续区域求和可以采取如下方法。

假定求和的连续区域为 $m \times n$ 的矩阵形，并且此区域的右边一列和下面一行为空白，用鼠标将此区域选中并包含其右边一列或下面一行，也可以两者同时选中，单击"开始"选项卡"编辑"功能组中的"Σ自动求和"按钮，则在选中区域的右边一列或下面一行自动生成求和公式，并且系统能自动识别选中区域中的非数值型单元格，求和公式不会产生错误。

3．对相邻单元格的数据求和

要将单元格区域 B2：B5 的数据之和填入单元格 B6 中，操作步骤如下。

先选中单元格 B6，输入"="，再双击快速访问工具栏中的求和按钮"Σ"；接着选中B2：B5 区域，这时在编辑栏和 B6 单元格中可以看到公式"=SUM（B2：B5）"，单击编辑栏中的"√"（或按〈Enter〉键）确认，公式建立完毕。此时如果在 B2：B5 单元格区域中任意输入数据，它们的和立刻会显示在单元格 B6 中。

同样，如果要将单元格区域 B2：D2 的数据之和填入单元格 E2 中，也可采用类似的操作，但横向操作时要注意：对建立公式的单元格（该例中的 E2）一定要在"设置单元格格式"对话框中的"水平对齐"中选择"常规"方式，以确保单元格内显示的公式不会影响到旁边的单元格。

如果要将单元格区域 C2：C5、D2：D5、E2：E5 的数据之和分别填入单元格 C6、D6和 E6 中，则可以采取简捷的方法将公式复制到单元格 C6、D6 和 E6 中：先选取已建立公式的单元格 B6，单击快速访问工具栏中的"复制"按钮，再选中 C6：E6 单元格区域，单击

"粘贴"按钮即可将单元格 B6 中已建立的公式分别复制到单元格 C6、D6 和 E6 中。

4．对不相邻单元格的数据求和

要将单元格 B2、C5 和 D4 中的数据之和填入单元格 E6 中，操作步骤如下。

先选中单元格 E6，输入"="，双击求和按钮"Σ"；接着单击单元格 B2，输入"，"，单击单元格 C5，输入"，"，单击单元格 D4，这时在编辑栏和单元格 E6 中可以看到公式"=SUM（B2，C5，D4）"，按〈Enter〉键确认，公式建立完毕。

5．求和函数的快捷输入法

求和函数 SUM 可能是工作表中使用最多的函数了。有什么好办法来快速输入呢？

其实，不必每次都直接输入"SUM"，可以单击"开始"选项卡中的"Σ"按钮来快速输入。当然还有更快捷的键盘输入法，即先选中单元格，然后按〈Alt+=〉组合键即可。这样不但可以快速输入函数名称，还能智能地确认函数的参数。

6．快捷输入函数参数

系统提供的函数一般有多个参数，如何在输入函数时快速地查阅该函数各个参数的功能呢？

可以利用组合键来实现：先在编辑栏中输入函数，然后按〈Ctrl+A〉组合键，系统就会自动弹出该函数的参数输入选择框，可以直接利用鼠标单击来选择各个参数。

7．在函数中快速引用单元格

在使用函数时，常常需要用单元格名称来引用该单元格中的数据。如果要引用的单元格太多、太散的话，逐个输入就会很麻烦。遇到这种情况时，可以试试下面的方法。

利用鼠标直接选取引用的单元格：以 SUM 函数为例，在编辑栏中直接输入"=SUM()"，然后将光标定位至小括号内，接着按住〈Ctrl〉键，在工作表中利用鼠标选择所有参与运算的单元格。此时，所有被选择的单元格都自动填入函数中，并用"，"自动分隔开。输入完成后按〈Enter〉键结束即可。

8．快速找到所需要的函数

函数是 Excel 中经常要使用的，可是，如果对系统提供的函数不是很熟悉，有什么办法可以快速找到需要的函数呢？

对于没学过计算机编程的人来说，Excel 函数的确是一个比较头痛的问题。不过，使用下述方法可以非常容易地找到需要的函数。

假如需要利用函数对工作表数据进行排序操作，可以先单击编辑栏中的"插入函数"按钮，在弹出的对话框的"搜索函数"项下面直接输入所需的函数功能，如直接输入"排序"两个字。然后单击"转到"按钮，对话框中就会列出几个用于排序的函数。单击某个函数，对话框中就会显示该函数的具体功能。如果觉得不够详细，还可以单击"有关该函数的帮助"链接来查看更详细的描述。

8.4.2　公式编辑技巧

1．利用公式设置加权平均

加权平均在财务核算和统计工作中经常用到，并不是一项很复杂的计算，关键是要理解加权平均值其实就是总量值（如金额）除以总数量得出的单位平均值，而不是简单地将各个单位值（如单价）平均后得到的那个单位值。在 Excel 中可设置公式解决（其实就是一个除法算式），分母是各个量值之和，分子是相应的各个数量之和，其结果就是这些量值的加权平均值。

2．用记事本编辑公式

在工作表中编辑公式时，需要不断查看行列的坐标。当公式很长时，编辑栏所占据的屏幕面积很大，可能刚好将列坐标遮挡住，非常不方便。能否用其他方法编辑公式呢？

打开记事本，在记事本里编辑公式，屏幕位置、字体大小不受限制，其结果又是纯文本格式，可以在编辑后直接粘贴到对应的单元格中而无须转换，既方便又避免了以上不足。

3．防止编辑栏显示公式

有时可能不希望其他用户看到自己的公式，即选中包含公式的单元格后，在编辑栏中不显示公式。为防止编辑栏中显示公式，可按以下方法设置。

右击要隐藏公式的单元格区域，在快捷菜单中选择"设置单元格格式"命令，在弹出的"设置单元格格式"对话框中选择"保护"选项卡，选中"锁定"和"隐藏"复选框，单击"确定"按钮。然后单击"审阅"选项卡"更改"功能组中的"保护工作表"按钮，打开"保护工作表"对话框，选中"保护工作表及选定内容"复选框，单击"确定"按钮以后，用户将不能在编辑栏或单元格中看到已隐藏的公式，也不能编辑公式。

4．在绝对引用与相对引用之间切换

当在 Excel 中创建一个公式时，该公式可以使用相对引用，即相对于公式所在的位置引用单元，也可以使用绝对引用引用特定位置上的单元。公式还可以混合使用相对引用和绝对引用。绝对引用由$后跟列标或行号表示，例如，$B$1 是对第一行 B 列的绝对引用。借助公式工作时，通过使用下面这个捷径，可以轻松地将行和列的引用从相对引用转换为绝对引用，反之亦然，即选中包含公式的单元格，在编辑栏中选择想要改变的引用，按〈F4〉键。

5．快速查看所有工作表公式

只需一次简单的键盘敲击，即可显示出工作表中的所有公式，包括 Excel 用来存放日期的序列值。操作方法为：要想在显示单元格值或单元格公式之间来回切换，只需按〈Ctrl+`〉组合键。

6．不输入公式直接查看结果

当要计算工作表中的数据时，一般可以利用公式或函数得到结果。假如仅仅是查看一下结果，并不需要在单元格中建立记录数据，有什么办法实现吗？

可以选择要计算结果的所有单元格，然后看看编辑窗口最下方的状态栏上是不是自动显示了"求和=?"的字样。如果还想查看其他运算结果，只需移动鼠标指针到状态栏任意区域，然后右击鼠标，在弹出的快捷菜单中选择要进行相应的运算操作命令，在状态栏即可显示相应的计算结果。这些操作包括均值、计数、计数值和求和等。

7．在公式中引用其他工作表的单元格数据

一般可以在公式中用单元格符号来引用单元格的内容，但通常同一个工作表中引用的。如果要在当前工作表公式中引用其他工作表中的单元格，该如何实现呢？

要引用其他工作表的单元格，可以使用以下格式来表示：工作表名称+"!"+单元格名称。如要将 Sheet1 工作表中的 A1 单元格的数据和 Sheet2 工作表中的 B1 单元格的数据相加，可以表示为"Sheet1!A1+Sheet2!B1"。

8.5 拓展练习

1. 打开“成绩册（原始）”工作簿，按照如图 8-19 所示的效果，进行以下设置。

	A	B	C	D	E	F	G	H	I
1	2018年下期高一·一班成绩册								
2	学号	姓名	语文	数学	英语	物理	化学	合计	排名
3	001	李凤	120	140	99	123	67	549	3
4	002	蒋强	78	50	120	110	90	448	11
5	003	王东	64	80	56	50	50	300	18
6	004	谢静	113	50	59	86	56	364	14
7	005	李好	140	113	102	104	140	599	1
8	006	张玉	120	120	105	90	102	537	5
9	007	梦娜	65	40	90	80	56	331	15
10	008	李小琴	78	50	50	40	90	308	17
11	009	罗玉	95	56	80	79	89	399	12
12	010	王玉龙	96	40	50	50	56	292	19
13	011	张成	78	120	110	102	98	508	7
14	012	杨洋	102	50	89	105	50	396	13
15	013	伍锐	105	102	98	89	78	472	10
16	014	杨伟	41	45	80	70	50	286	20
17	015	胡乐	89	111	105	90	92	487	8
18	016	余新科	120	78	87	95	96	476	9
19	017	刘琴	120	89	114	108	102	533	6
20	018	李小小	111	120	104	105	100	540	4
21	019	杨阳	93	50	70	48	56	317	16
22	020	蔡琴	96	123	110	120	110	559	2
23	语文成绩最高分		140						
24	总成绩最低分		286						

图 8-19　练习 1 效果图

1）添加“合计”“排名”两列，并分别利用 SUM、RANK 函数求出每位同学的合计成绩和排名。

2）在表格下方添加“语文成绩最高分”“总成绩最低分”两行内容，利用 MAX、MIN 函数分别求出语文最高分和总分最低分。（注意两个函数的参数不同。）

3）对表格进行格式化设置。

2. 王莉供职于一家电器商场，现在需要对本季度各产品的销售情况进行统计。请你根据电器销量表（“Excel.xlsx”文件），按照如下要求完成统计和分析工作。

1）请在“电器销量”工作表的“季度平均销量”列中，使用 AVERAGE 函数完成季度平均销量的计算；在“季度总销量”列中，使用 SUM 函数完成总销量的统计。

2）请对“电器销量”工作表进行格式调整，通过套用表格格式的方法将所有的电器销量记录调整为一致的外观格式，并将“季度平均销量”列和“季度总销量”列所包含的单元格调整为“数值数字格式（包含两位小数）”。

3）运用公式计算工作表“电器销量”中 H 列的销售额，要求在公式中通过 VLOOKUP 函数自动在工作表“电器价格”中查找相关商品的单价。效果如图 8-20 所示。

	A	B	C	D	E	F	G	H
1	分店	产品名称	1月销量	2月销量	3月销量	季度总销量	季度平均销量	季度总销售额
2	分店4	料理机	95	34	70	199.00	66.33	45770
3	分店2	电风扇	90	52	70	212.00	70.67	10600
4	分店3	空气净化器	72	52	73	197.00	65.67	137900
5	分店3	剃须刀	71	54	93	218.00	72.67	61040
6	分店2	电饼铛	79	55	81	215.00	71.67	25800
7	分店4	空气净化器	73	56	91	220.00	73.33	154000
8	分店1	电饭煲	52	60	70	182.00	60.67	58240
9	分店2	电火锅	70	60	52	182.00	60.67	20020
10	分店3	豆浆机	70	60	52	182.00	60.67	69160
11	分店4	电话机	81	64	96	241.00	80.33	13255
12	分店3	电火锅	73	64	82	219.00	73.00	24090
13	分店1	剃须刀	60	64	69	193.00	64.33	54040
14	分店2	空气净化器	72	65	83	220.00	73.33	154000
15	分店2	料理机	94	66	83	243.00	81.00	55890
16	分店3	加湿器	88	68	89	245.00	81.67	68600
17	分店4	面包机	94	68	71	233.00	77.67	69900
18	分店4	微波炉	64	68	80	212.00	70.67	74200
19	分店2	咖啡机	85	69	81	235.00	78.33	183300
20	分店1	电烤箱	81	71	94	246.00	82.00	147600
21	分店1	面包机	90	73	95	258.00	86.00	77400
22	分店2	电饭煲	64	75	96	235.00	78.33	75200
23	分店4	电饭煲	66	75	95	236.00	78.67	75520
24	分店4	电热毯	96	75	64	235.00	78.33	23500
25	分店3	饮水机	55	75	89	219.00	73.00	78840
26	分店4	电饭煲	69	76	34	179.00	59.67	57280
27	分店1	微波炉	49	79	72	200.00	66.67	70000
28	分店3	微波炉	60	79	88	227.00	75.67	79450
29	分店4	电火锅	76	80	94	250.00	83.33	27500

图 8-20　练习 2 效果图

实例9 销售图表制作

9.1 实例简介

9.1.1 实例需求与展示

爱家家电有限公司 2018 年前三个季度的销售情况已出炉，现公司秘书部小孙需要把 2018 年前三季度的销售情况做个汇总，并制成直观性比工作表更强的柱状图，如图 9-1 所示。后来，她又添加了第四季度的销售数据，并将图表修改为折线图，如图 9-2 所示。对图表做适当的格式化处理后，打印出来进行上报，以利于公司高层制定下一阶段的促销、进货等日常运作计划。

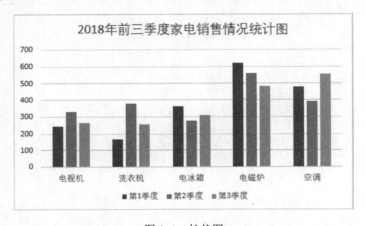

图 9-1　柱状图

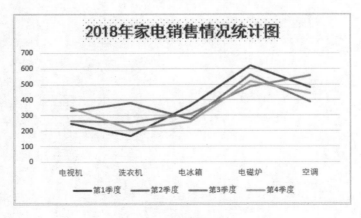

图 9-2　折线图

9.1.2 知识技能目标

本实例涉及的知识点主要有图表的创建、图表中数据的添加、更改图表类型、图表的打印。

知识技能目标：
- 掌握图表的创建与编辑。
- 掌握图表类型的更改。
- 掌握图表选项的设置。
- 掌握图表标题的美化。
- 掌握图表的打印。

9.2 实例实现

图表是一种能很好地将对象属性数据直观、形象地"可视化"的手段。在日常工作中，常常会遇到分析销售情况、分析学生成绩等情况，采用图表分析会更加直观。

9.2.1 创建销售统计柱形图

在创建图表之前，先创建一个新的工作簿并进行相关的格式设置。具体操作步骤如下。

1）新建 Excel 工作簿"2018 年家电销售情况统计表.xlsx"，在 Sheet1 中输入数据，对表格进行居中、添加边框、表格文本格式化等相关设置，如图 9-3 所示。

2）将单元格区域 A2：D7 选中，选择"插入"选项卡，单击"图表"功能组中的"柱形图"右侧的下拉按钮，在下拉列表中选择"簇状柱形图"选项，如图 9-4 所示，就可以直接在工作表中创建图表，如图 9-5 所示。

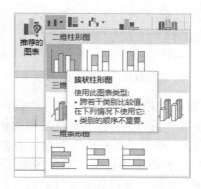

2018年前三季度家电销售情况			
类别	第1季度	第2季度	第3季度
电视机	245	330	263
洗衣机	168	380	255
电冰箱	364	275	310
电磁炉	620	560	485
空调	480	390	556

图 9-3 "家电销售统计表"工作表   图 9-4 "簇状柱形图"选项

3）单击图表，选择"图表工具"→"设计"选项卡，单击"图表布局"功能组中的"添加图表元素"按钮，在下拉列表中选择"图表标题"→"图表上方"选项，用鼠标选中文字"图表标题"，重新输入标题文本"2018 年前三季度家电销售情况"。

4）将鼠标指针移动到图表的边框上，当指针变为十字形箭头时，拖动图表到合适的位置。

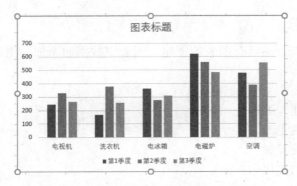

图 9-5　初步制作的销售统计柱形图

9.2.2　向图表中添加数据

小孙正在制作图表的时候，部门主管又将第四季度的销售数据传给了她，要求她将这些数据也反映到图表中，小孙对工作表进行了重新编辑，如图 9-6 所示，她将数据追加到图表中。具体操作步骤如下。

1) 右击图表的图表区，在快捷菜单中选择"选择数据"命令，打开"选择数据源"对话框，如图 9-7 所示。

图 9-6　添加数据后的工作表

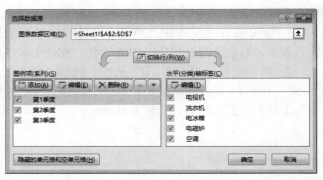

图 9-7　"选择数据源"对话框

2) 单击"添加"按钮，打开"编辑数据系列"对话框，单击"系列名称"参数框右侧的折叠按钮，选中单元格 E2，单击"系列值"参数框右侧的折叠按钮，选中 E3：E7 单元格区域，如图 9-8 所示。单击"确定"按钮，返回"选择数据源"对话框。再次单击"确定"按钮，完成图表中的数据添加。

图 9-8　"编辑数据系列"对话框

9.2.3　图表格式化

（1）设置图表标题

先将图表标题修改为"2018 年家电销售情况统计图"，右击图表标题，在弹出的快捷菜单中选择"字体"命令，打开"字体"对话框，在"字体"

图表格式化

选项卡中将西文、中文字体均设置为"黑体"，大小为"18"，字体样式为"加粗"，如图 9-9 所示。单击"确定"按钮，完成对图表标题字体的设置。

图 9-9 "字体"对话框

右击图表标题，在弹出的快捷菜单中选择"设置图表标题格式"命令，打开"设置图表标题格式"窗格，展开"填充"选项，选择"图案填充"单选按钮，并在"图案"列表框中选择"点线：5%"选项，如图 9-10 所示。对图表标题进行填充设置，效果如图 9-11 所示。

图 9-10 "设置图表标题格式"窗格

2018年家电销售情况统计图

图 9-11 设置填充后效果图

（2）更改图表类型

当统计数据较多时，图表的直观性下降，如将图表的类型修改为折线图，则能更好地反映数据的变化趋势。操作步骤如下。

选中图表，在"图表工具"→"设计"选项卡中，单击"类型"功能组中的"更改图表类型"按钮，打开"更改图表类型"对话框，选择"所有图表"选项卡，在左侧列表框中选择"折线图"选项，接着在右侧列表框中选择"折线图"选项，此时在下方的预览框中可以看到更改图表类型后的预览效果，如图9-12所示。单击"确定"按钮，实现图表类型的转换。

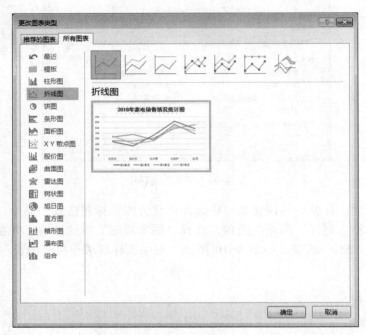

图9-12 "更改图表类型"对话框

（3）交换统计图表的行和列

要显示每一种家电销售情况的趋势，须将图表中的行和列进行交换。操作步骤如下。

单击图表，在"图表工具"→"设计"选项卡中，单击"数据"功能组中的"切换行/列"按钮，如图9-13所示，即可实现图表中行与列互换的效果，如图9-14所示。

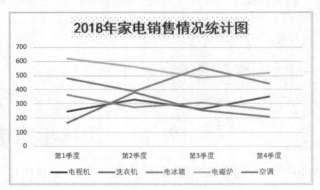

图9-14 图表行列互换后效果图

图9-13 "切换行/列"按钮

118

9.2.4　图表打印

如需要单独打印图表，操作步骤如下。

1）单击表格中的图表，执行"文件"→"打印"菜单命令，如图9-15所示。

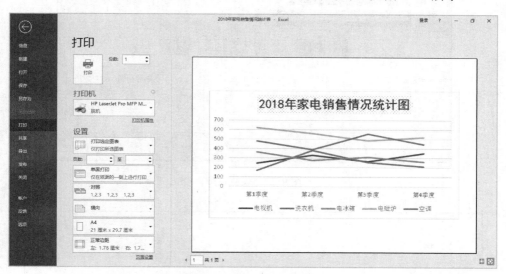

图9-15　"打印"命令

2）单击"页面设置"超链接，弹出"页面设置"对话框，选择"页眉/页脚"选项卡，单击"自定义页脚"按钮，如图9-16所示。打开"页脚"对话框，在"左"文本框中输入公司名称"爱家家电有限公司"，在"中"文本框中输入"制作人：小孙"，在"右"文本框中输入"制作日期："，然后单击"插入日期"按钮 ，如图9-17所示。单击"确定"按钮，返回"页面设置"对话框后，再次单击"确定"按钮，完成页面设置，设置页脚后的效果如图9-18所示。

图9-16　"页面设置"对话框

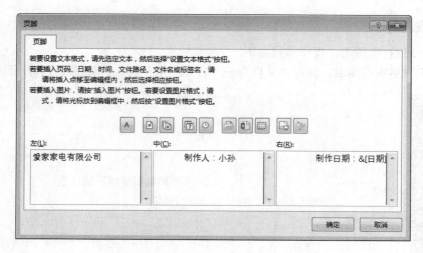

图 9-17 设置页脚

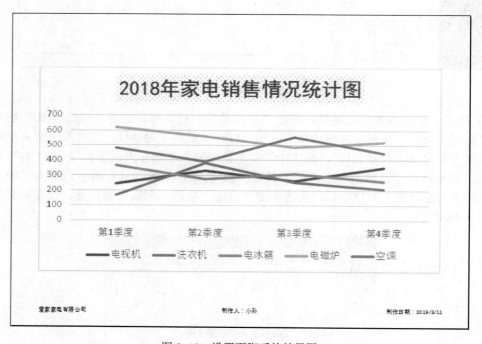

图 9-18 设置页脚后的效果图

3）如需要打印整个工作表，则单击工作表的任意一个单元格，执行"文件"→"打印"菜单命令即可。

9.3 实例小结

本实例主要通过 Excel 图表的制作，学习图表的相关操作。操作中需要注意以下几点。

1）创建好的图表主要由图表区、绘图区和图例三部分组成。在表格中插入图表后，默认的位置和大小一般都不能达到预期的效果，此时需要对其进行修改。对各部分的操作既可以通过"图表工具"选项卡中的相关命令来实现，也可以右击要进行修改的部分，通过快捷菜单中的命令来实现。

2）图表中的数据与表格中的数据是相关联的，对表格中的数据进行修改后，图表中对应的数据系列也会随之发生改变；而对图表中的数据系列进行修改时，表格对应单元格的数据也会随之发生变化。

3）不同类型的图表能够体现的数据信息也不同。下面对常用的图表类型进行介绍。

- 柱形图：它是最常用的图表类型之一，用来显示一段时间内数据的变化或者描述项目之间数据的比较。注意：在 Excel 2016 中，圆柱图、圆锥图、棱锥图可通过设置柱形图的"柱体形状"实现。
- 折线图：用于以等时间间隔显示数据的变化趋势，强调的是时间性和变动性。
- 饼图：用于显示数据系列中的项目和该项目数据总和的比例关系。
- 条形图：用来描绘各项目之间数据的差别情况，强调在特定时间点上分类轴和数据值的比较。
- 面积图：用于显示每个数值的变化值，强调数据随时间变化的幅度。
- XY 散点图：可以显示单个或多个数据系列的数据在某种间隔条件下的变化趋势。
- 股价图：用于描绘股票的走势。
- 曲面图：以平面来显示数据变化趋势，用相同的颜色或图案表示在同一取值范围内的区域。
- 雷达图：用于比较若干数据系列的聚合值。
- 树状图：Excel 2016 新增的内置图表，用于展现数据的比例和层次关系。
- 旭日图：Excel 2016 新增的内置图表，它与饼图类似，展示效果更加突出，用于展示多层级数据之间的占比及对比关系。
- 直方图：可以清晰地展示出数据的分类情况和各类别之间的差异，为分析和判断数据提供依据，经常用于数据统计。
- 箱形图：Excel 2016 新增的内置图表，使用它可以很方便地一次看到一批数据的四分值、平均值以及离散值。
- 瀑布图：Excel 2016 新增的内置图表，用来展示一系列增加值或减少值对初始值的影响，可以直观地反映数据的增减变化。

9.4 经验技巧

9.4.1 图表编辑技巧

1. 将单元格中的文本链接到图表文本框

如果希望系统在图表文本框中显示某个单元格中的内容，同时还要保证它们的修改保持同步，只要将该单元格与图表文本框建立链接关系即可。具体操作步骤如下。

首先选中该图表文本框，然后在系统的编辑栏中输入一个"="符号，再单击需要链接的单元格，最后按〈Enter〉键即可。此时图表中会自动生成一个文本框，内容就是刚才选中的单元格中的内容。如果修改该单元格的内容，图表中文本框的内容也会相应地被修改。

2．利用组合键直接在工作表中插入图表

先选择要创建图表的单元格区域，然后按〈Alt+F1〉组合键，即可快速建立一个图表。

3．重新设置系统默认的图表

当用组合键创建图表时，系统总是给出一个相同类型的图表。要修改系统的默认图表类型，可以执行以下操作。

首先选择一个创建好的图表，然后右击鼠标，在弹出的快捷菜单中选择"更改图表类型"命令，再在弹出的对话框中选择一种目标图表类型即可。

4．直接为图表增加新的数据系列

如果不重新创建图表，要为该图表添加新的单元格数据系列，该如何实现？

可以用鼠标右击图表，在快捷菜单中选择"选择数据"命令，打开"选择数据源"对话框，单击"添加"按钮，选择要添加的数据源区域即可。

9.4.2 图表布局技巧

1．轻松调整图表布局

在工作表中插入图表后，还可进行布局调整，操作方法如下。

选中图表，在"图表工具"→"设计"选项卡"图表布局"功能组中单击"快速布局"按钮，在弹出的下拉列表中选择需要的布局方式即可。

2．快速设置图表样式

可以为图表轻松套用 Excel 2016 提供的内置图表样式，操作方法如下。

选中图表，选择在"图表工具"→"设计"选项卡"图表样式"功能组中的样式即可。

3．快速调整图例位置

在默认情况下，图例位于图表区域的右侧，用户可根据需要调整图例的位置，操作方法如下。

选中图例，右击鼠标，在弹出的快捷菜单中选择"设置图例格式"命令，弹出"设置图例格式"对话框，在右侧的"图例位置"栏中选中"底部""靠上""靠左"等单选按钮，即可将图例调整到相应位置。

9.5 拓展练习

1．制作万达汽车有限公司 2018 年汽车销量图表。汽车销售效果图如图 9-19 所示。要求如下。

1）创建空白工作簿，在 Sheet1 工作表中输入数据，并进行格式化设置。

2）创建簇状柱形图。

3）为创建的图表添加标题，并将标题字体设置为"宋体"，字号为 16，字体颜色为红色。

4）为图表区进行形状填充，样式为"纹理"→"羊皮纸"。

2．根据"招聘费用预算表.xlsx"制作饼图。费用预算饼图如图 9-20 所示。

要求：用 SUM 函数计算总费用，之后插入饼图。

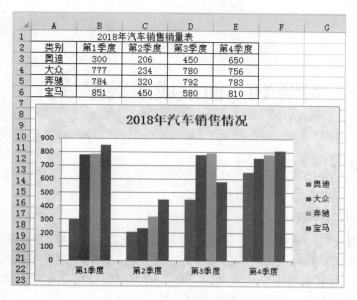

图 9-19　汽车销售效果图

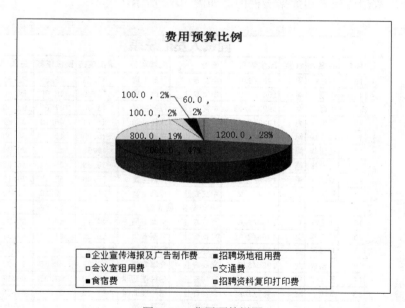

图 9-20　费用预算饼图

实例 10 面试成绩数据分析

10.1 实例简介

10.1.1 实例需求与展示

爱家家电有限公司因业务扩大，需要招聘一批新员工，由于参加应聘的人员众多，且能力参差不齐，因此需要将面试人员的信息进行汇总分析，从而帮助管理人员从中挑选出适合企业发展的人才。人事处的小李负责此项工作，他需要对其中部分录入错误的成绩进行修改，之后对数据进行排序，筛选出被录用的人员，并按专业进行分类汇总，如图 10-1 所示。最后制作出数据透视表和数据透视图，如图 10-2 所示。

序号	姓名	性别	出生年月	专业	应聘职位	笔试成绩	面试成绩	总成绩
					面试人员汇总表			
16	罗杉杉	男	1985/6/8	中文专业	行政主管	32.73	49.58	82.31
4	喻刚	男	1988/3/20	中文专业	行政主管	35.00	49.00	84.00
2	田蓉	女	1999/6/13	中文专业	行政主管	43.00	47.00	90.00
20	罗乐	男	1988/3/1	中文专业	总经理助理	46.44	46.18	92.62
1	陈少华	男	1988/3/26	中文专业	文案专员	45.00	43.00	88.00
14	菜谢华	男	1988/9/15	中文专业	行政主管	49.63	40.71	90.34
19	巩新松	男	1985/12/6	中文专业	行政主管	30.69	35.34	66.03
22	章昭平	男	1988/3/29	中文专业	行政主管	36.96	33.17	70.13
24	程蕊	女	1984/3/9	中文专业	行政主管	29.13	32.30	61.43
				中文专业 最大值			49.58	
12	杨丽华	女	1988/5/6	文秘专业	文案专员	44.17	43.37	87.54
25	曾洋洋	女	1986/2/15	文秘专业	文案专员	48.26	41.05	89.31
21	谢琴琴	女	1989/5/6	文秘专业	行政主管	39.95	39.15	79.10
26	周前梅	女	1985/3/6	文秘专业	文案专员	42.72	38.55	81.27
17	王洋	男	1987/2/11	文秘专业	总经理助理	47.10	37.07	84.17
13	沈圆	女	1987/10/29	文秘专业	总经理助理	27.78	37.00	64.78
27	郑悦	女	1987/2/16	文秘专业	文案专员	42.46	36.30	78.76

图 10-1 面试人员分类汇总统计图（部分）

10.1.2 知识技能目标

本实例涉及的知识点主要有：记录单的使用、排序、筛选、分类汇总、数据透视表和数据透视图。

知识技能目标：

● 掌握数据记录单的使用。

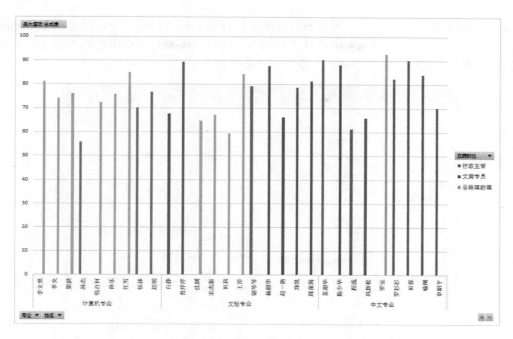

图 10-2　数据透视图

- 掌握数据的排序。
- 掌握数据的筛选。
- 掌握数据的分类汇总。
- 掌握数据透视表、数据透视图的创建。

10.2　实例实现

Excel 具有强大的数据管理功能，通过它能轻松地完成复杂的数据管理和统计工作，特别是在处理数据量庞大的表格时该功能显得尤为重要。

10.2.1　利用记录单管理数据

在大型工作表中，向一个数据量较大的工作表中插入一行新记录的过程中，有许多时间白白花费在来回切换行和列的位置上，在对数据进行修改、查询时将会非常不方便，而 Excel 的"记录单"功能可以帮助用户在一个小窗口中完成输入数据的工作，不必在长长的工作表中进行输入，使用记录单操作工作表中的数据记录相对更方便、快捷。但在 Excel 2016 版本中，启动后却找不到这个强大的功能，其实这个功能被隐藏了，需要手动打开才可以使用。要想使用记录单功能，需要通过"Excel 选项"对话框将其添加到功能组中，操作方法如下。

使用记录单与
数据排序

1）执行"文件"→"选项"菜单命令，打开"Excel 选项"对话框，在左侧窗格中选择"自定义功能区"选项。

2）在右侧窗格中选择"开始"主选项卡，然后单击的"新建组"按钮，在"开始"主选项卡的下方出现了"新建组（自定义）"功能组，使其处于选中的状态，单击中间窗格中的"从下列位置选择命令"下拉列表框右侧的下拉按钮，在下拉列表中选择"不在功能区中的命令"选项，在下面的列表框中选择"记录单"选项，单击对话框中部的"添加"按钮，如图 10-3 所示，就可以将"记录单"添加到"新建组"中了。

图 10-3 "Excel 选项"对话框

3）单击"确定"按钮，"记录单"按钮被添加到"开始"选项卡中，如图 10-4 所示。

记录单添加完成以后就可以利用记录单进行数据管理。具体操作步骤如下。

1）打开"面试成绩表.xlsx"工作簿，在"Sheet1"工作表中选择包含数据信息的任意一个单元格，单击"开始"选项卡中的"记录单"按钮，打开记录单对话框。

2）在打开的记录单对话框中单击右侧的"条件"按钮，打开的 Criteria 查找对话框，在"姓名"文本框中输入关键字"王洋"，然后按〈Enter〉键将该条记录的所有数据信息显示出来，如图 10-5 所示。

图 10-4 添加"记录单"后效果

图 10-5 查找要修改的记录

3）将插入点定位到"笔试成绩"文本框中，利用〈Delete〉键将原始成绩删除，然后重新输入新的笔试成绩"47.1"，用同样的方法修改面试成绩为"37.07"，按〈Enter〉键即可完成对王洋成绩的修改，如图 10-6 所示。

4）单击"新建"按钮，进入新建记录对话框，在其中输入新添加记录的相关数据，如图 10-7 所示，然后按〈Enter〉键将记录添加到工作表中。

图 10-6　修改记录　　　　　　　　图 10-7　添加新记录

5）单击对话框中的"关闭"按钮，返回表格，完成表格数据的修改和添加。

10.2.2　数据排序

排序是指按指定的字段值重新调整记录的顺序，这个指定的字段被称为排序关键字。通常，数字由小到大、文本按照拼音字母顺序、日期从最早的日期到最晚的日期的排序称为升序，反之称为降序。另外，若要排序的字段中含有空白单元格，则该行数据总是排在最后。排序分为简单排序和高级排序。简单排序的操作很简单，单击需要排序的列中的任意一个单元格，选择"数据"选项卡，单击"排序和筛选"功能组中的"升序"或"降序"按钮即可，如图 10-8 所示。

图 10-8　排序按钮

在本实例中，当表格中出现相同的数据时，简单排序无法满足实际要求，需要通过高级排序的方式对表格中的"面试成绩"进行降序排序。具体操作步骤如下。

1）选择需要排序的单元格区域 A3：I32，选择"数据"选项卡，单击"排序和筛选"功能组中的"排序"按钮，打开"排序"对话框，如图 10-9 所示。

2）单击"添加条件"按钮，在"主要关键字"下拉列表框中选择"面试成绩"选项，然后在"次序"栏的下拉列表框中选择"降序"选项；在"次要关键字"下拉列表框中选择"笔试成绩"选项,然后在"次序"栏的下拉列表框中选择"降序"选项,如图 10-10 所示。

图 10-9 "排序"对话框

图 10-10 设置排序关键字

3)返回工作表,此时面试成绩将按降序方式进行排列,当遇到相同数据时,再根据笔试成绩进行降序排列。表格排序后效果如图 10-11 所示。

序号	姓名	性别	出生年月	专业	应聘职位	笔试成绩	面试成绩	总成绩
				面试人员汇总表				
16	罗杉杉	男	1985/6/8	中文专业	行政主管	32.73	49.58	82.31
4	喻刚	男	1988/3/20	中文专业	行政主管	35.00	49.00	84.00
2	田蓉	女	1999/6/13	中文专业	行政主管	43.00	47.00	90.00
5	汪雪	女	1989/9/30	计算机专业	总经理助理	38.00	47.00	85.00
20	罗乐	男	1988/3/1	中文专业	总经理助理	46.44	46.18	92.62
11	钱百何	男	1985/11/5	计算机专业	总经理助理	28.03	44.27	72.30
12	杨丽华	女	1988/5/6	文秘专业	文案专员	44.17	43.37	87.54
28	伍林	男	1988/9/4	计算机专业	行政主管	26.96	43.08	70.04
1	陈少华	男	1988/3/26	中文专业	文案专员	45.00	43.00	88.00
25	曾洋洋	女	1986/2/15	文秘专业	文案专员	48.26	41.05	89.31
7	李央	男	1985/2/15	计算机专业	总经理助理	33.10	40.89	73.99
14	菜谢华	男	1988/9/15	中文专业	行政主管	49.63	40.71	90.34
21	谢琴琴	女	1989/5/6	文秘专业	行政主管	39.95	39.15	79.10

图 10-11 表格排序后效果(部分)

10.2.3 数据筛选

数据筛选是指隐藏不希望显示的数据，而只显示指定条件的数据行。Excel 提供的自动筛选和高级筛选功能，能快速方便地从大量数据中查询出需要的信息。

本实例中要求筛选出总成绩在 80 分以上的面试人员，具体操作步骤如下。

1）单击数据区域的任意单元格，选择"数据"选项卡，单击"排序和筛选"功能组中的"筛选"按钮，表格中每个标题右侧将显示自动筛选下拉按钮，如图 10-12 所示。

图 10-12　自动筛选下拉按钮

2）单击"总成绩"右侧的自动筛选下拉按钮，在下拉列表中选择"数字筛选"→"大于或等于"选项，如图 10-13 所示。打开"自定义自动筛选方式"对话框，在"大于或等于"右侧的文本框中输入"80"，如图 10-14 所示。单击"确定"按钮，实现对总成绩在 80 分以上人员的自动筛选。自动筛选后效果如图 10-15 所示。

图 10-13　选择自动筛选命令

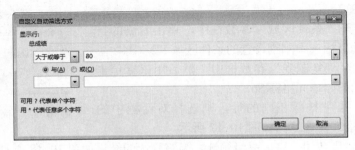

图 10-14　"自定义自动筛选方式"对话框

面试人员汇总表

序号	姓名	性别	出生年月	专业	应聘职位	笔试成绩	面试成绩	总成绩
16	罗杉杉	男	1985/6/8	中文专业	行政主管	32.73	49.58	82.31
4	喻刚	男	1988/3/20	中文专业	行政主管	35.00	49.00	84.00
2	田蓉	女	1999/6/13	中文专业	行政主管	43.00	47.00	90.00
5	汪雪	女	1989/9/30	计算机专业	总经理助理	38.00	47.00	85.00
20	罗乐	男	1988/3/1	中文专业	总经理助理	46.44	46.18	92.62
12	杨丽华	女	1988/5/6	文秘专业	文案专员	44.17	43.37	87.54
1	陈少华	男	1988/3/26	中文专业	文案专员	45.00	43.00	88.00
25	曾洋洋	女	1986/2/15	文秘专业	文案专员	48.26	41.05	89.31
14	莱谢华	男	1988/9/15	中文专业	行政主管	49.63	40.71	90.34
26	周前梅	女	1985/3/6	文秘专业	文案专员	42.72	38.55	81.27
17	王洋	男	1987/2/11	文秘专业	总经理助理	47.10	37.07	84.17
3	李文奥	男	1999/5/14	计算机专业	总经理助理	44.00	37.00	81.00

图 10-15 自动筛选后效果

自动筛选只能对某列数据进行两个条件的筛选，并且不同列之间同时筛选时，只能是"与"关系，对于其他筛选条件，如需要筛选出总成绩在 80 分以上或为计算机专业的面试人员时，就要使用高级筛选功能。具体操作步骤如下。

1）单击"筛选"按钮，取消自动筛选状态。将单元格区域 A2：I2 复制到单元格区域 K2：S2。在 O3 单元格输入"计算机专业"，在 S4 单元格输入">=80"，即可建立高级筛选的条件区域，如图 10-16 所示。

K	L	M	N	O	P	Q	R	S
序号	姓名	性别	出生年月	专业	应聘职位	笔试成绩	面试成绩	总成绩
				计算机专业				
								>=80

图 10-16 高级筛选条件区域

2）单击数据区域任意单元格，选择"数据"选项卡，在"排序和筛选"功能组中单击"高级"按钮，打开"高级筛选"对话框。

3）在"方式"栏内选中"将筛选结果复制到其他位置"单选按钮（如选择"在原有区域显示筛选结果"单选按钮，则不用指定"复制到"参数）。

4）在"列表区域"参数框中，指定要进行高级筛选的数据区域$A$2:$I$32。

5）将光标移至"条件区域"参数框中，单击右侧的折叠按钮，然后拖动鼠标选中刚刚设置的条件区域 K2：S4。

6）将光标移至"复制到"参数框中，然后用鼠标单击筛选结果复制到的起始单元格$K$6。

7）若要从结果中排除相同的行，则选择对话框中的"选择不重复的记录"复选框，如图 10-17 所示。

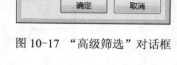

图 10-17 "高级筛选"对话框

8）单击"确定"按钮，完成高级筛选。高级筛选的结果如图 10-18 所示。

序号	姓名	性别	出生年月	专业	应聘职位	笔试成绩	面试成绩	总成绩
16	罗杉杉	男	1985/6/8	中文专业	行政主管	32.73	49.58	82.31
4	喻刚	男	1988/3/20	中文专业	行政主管	35.00	49.00	84.00
2	田蓉	女	1999/6/13	中文专业	行政主管	43.00	47.00	90.00
5	汪雪	女	1989/9/30	计算机专业	总经理助理	38.00	47.00	85.00
20	罗乐	男	1988/3/1	中文专业	总经理助理	46.44	46.18	92.62
11	钱百何	男	1985/11/5	计算机专业	总经理助理	28.03	44.27	72.30
12	杨丽华	女	1988/5/6	文秘专业	文案专员	44.17	43.37	87.54
28	伍林	男	1988/9/4	计算机专业	行政主管	26.96	43.08	70.04
1	陈少华	男	1988/3/26	中文专业	文案专员	45.00	43.00	88.00
25	曾洋洋	女	1986/2/15	文秘专业	文案专员	48.26	41.05	89.31
7	李央	男	1985/2/15	计算机专业	总经理助理	33.10	40.89	73.99
14	菜谢华	男	1988/9/15	中文专业	行政主管	49.63	40.71	90.34
26	周前梅	女	1985/3/6	文秘专业	文案专员	42.72	38.55	81.27
17	王洋	男	1987/2/11	计算机专业	总经理助理	47.10	37.07	84.17
3	李文奥	男	1999/5/14	计算机专业	总经理助理	44.00	37.00	81.00
29	赵明	男	1986/10/10	计算机专业	行政主管	42.60	34.00	76.60
9	梁波	男	1986/8/12	计算机专业	总经理助理	42.36	33.60	75.96

图 10-18　高级筛选的结果（部分）

10.2.4　按专业汇总面试成绩

分类汇总是指根据指定的类别将数据以指定的方式进行统计，进而将大型表格中的数据进行快速汇总与分析，获得所需的统计结果。注意：在插入分类汇总之前需要将数据区域按关键字排序。需要按专业汇总面试成绩最大值时，必须先按"专业"对数据进行排序。具体操作步骤如下。

1）在数据区域中单击 E2 单元格，选择"数据"选项卡，单击"排序和筛选"功能组中的"降序"按钮，使表格中的数据按"专业"有序排列。

2）单击"分级显示"功能组中的"分类汇总"按钮，如图 10-19 所示，打开"分类汇总"对话框。

3）在"分类字段"下拉列表框中选择"专业"选项，在"汇总方式"下拉列表框中选择"最大值"选项，在"选定汇总项"列表框中只选中"面试成绩"复选框，如图 10-20 所示。

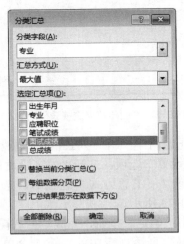

图 10-19　"分类汇总"按钮　　　　　　图 10-20　"分类汇总"对话框

4）单击"确定"按钮，完成分类汇总。效果如图 10-1 所示。

10.2.5　创建数据透视表和数据透视图

创建数据透视表与数据透视图

数据透视表是一种对大量数据快速汇总和建立交叉表的交互式表格，用户可以转换行以查看数据源的不同汇总结果，可以显示不同页面以筛选数据，还可以根据需要显示区域中的明细数据。

数据透视图是以图形形式表示的数据透视表，它既可以像数据透视表一样更改其中的数据，还可以将数据以图表的形式直观地表现出来。

本实例中创建数据透视表与数据透视图的具体操作步骤如下。

1）打开"分类汇总"对话框，单击"全部删除"按钮，取消原始数据的分类汇总状态。

2）单击数据区域的任意单元格，选择"插入"选项卡，在"表格"功能组中单击"数据透视表"按钮，打开"创建数据透视表"对话框，如图 10-21 所示。

3）保持默认的表/区域的值不变，单击"确定"按钮，进入数据透视表设计环境。在"数据透视表字段"窗格中，在"选择要添加到报表的字段"列表框中将"专业"和"姓名"拖到"行"字段，将"应聘职位"拖到"列"字段，将"总成绩"拖到"值"字段，如图 10-22 所示。

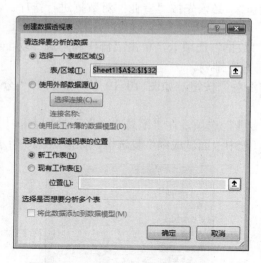

图 10-21　"创建数据透视表"对话框

图 10-22　"数据透视表字段"窗格

4）单击窗格中"值"列表框的"求和项：总成绩"右侧的下拉按钮，在下拉列表中选择"值字段设置"选项，打开"值字段设置"对话框。

5）选择"值汇总方式"选项卡，选中"值字段汇总方式"列表框中的"最大值"选项，如图 10-23 所示。

6）单击"确定"按钮，完成数据透视表设置。数据透视表效果如图 10-24 所示。

7）选择数据透视表中的任意一个单元格，选择"数据透视表工具"→"分析"选项卡，单击"工具"功能组中的"数据透视图"按钮，如图 10-25 所示。

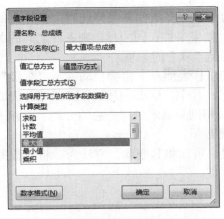

图 10-23 "值字段设置"对话框

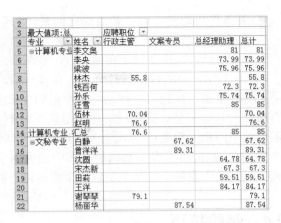

图 10-24 数据透视表效果（部分）

8）在弹出的"插入图表"对话框中选择"簇状柱形图"选项，单击"确定"按钮，将在表格中插入数据透视图表。

9）选择"数据透视图工具"→"设计"选项卡，单击"位置"功能组中的"移动图表"按钮，弹出"移动图表"对话框，如图 10-26 所示。单击"选择放置图表的位置"栏中的"新工作表"单选按钮，单击"确定"按钮，即可完成数据透视图的创建。数据透视图效果如图 10-2 所示。

图 10-25 "数据透视图"按钮

图 10-26 "移动图表"对话框

10.3 实例小结

本实例通过 Excel 数据的统计分析，学习了 Excel 数据分析的基本功能。在操作中需要注意以下几点。

1）在记录单对话框中，除了可以添加、修改和查找记录外，还可以删除无用记录。

方法为：选中除标题外其他含有数据的单元格区域，然后打开记录单对话框，单击右侧的"上一条"或"下一条"按钮，切换到要删除的记录后，单击"删除"按钮，最后在打开的提示对话框中单击"确定"按钮，便可成功删除所选记录。

2）排序时，可以通过"排序"对话框中的"选项"按钮进行"自定义排序"。

3）对于筛选，一定要注意自动筛选和高级筛选的区别。

● 自动筛选实现的效果，可以用高级筛选来实现，反之则不一定能实现。

● 自动筛选不用设定条件区域，高级筛选则必须设定条件区域。

● 多条件自动筛选时，各条件之间是"与"的关系；多条件高级筛选时，条件之间的关系可以是"与"也可以是"或"。要注意，如果条件在同一行，则条件之间的关系是"与"；如果条件不在同一行，则条件之间是"或"的关系。

4）对工作表中的数据进行分类汇总操作后，在工作表的左上角会自动显示"分级"按钮 1 2 3，单击该按钮可以控制汇总数据的显示方式。其中，单击 1 按钮，可隐藏分类后的所有数据，只显示分类汇总后的总计记录；单击 2 按钮则只显示进行汇总的分类字段和选定的汇总项中的相关数据；单击 3 按钮则显示所有分类数据。

5）对于数据透视表或数据透视图中的无用字段，可以将其删除，方法为：将"数据透视表字段列表"窗格中的某个字段拖至窗格以外的区域。

10.4　经验技巧

10.4.1　数据分析技巧

1．快速对单列进行排序

选定要进行排序的任意数据单元格，在"数据"选项卡"排序和筛选"功能组中单击"升序"或"降序"按钮，可以快速地对单列数据按升序或降序进行排序。

2．快速对多列进行排序

在 Excel 2016 中，可以使用"排序"对话框对数据表中的多列数据进行排序，操作步骤如下。

选择要排序的单元格区域，然后在"数据"选项卡"排序和筛选"功能组中的"排序"按钮，打开"排序"对话框，在"主要关键字"下拉列表框中选择第一排序关键字的选项，在"次序"栏的下拉列表框中选择"降序"或"升序"选项，然后单击"添加条件"按钮，添加次要关键字和次序，单击"确定"按钮，完成排序。

3．自动筛选前 10 个

有时可能想对数值字段使用自动筛选来显示数据清单里的前 n 个最大值或最小值，解决方法如下。

使用"前 10 个"自动筛选。当在自动筛选的数值字段下拉列表框中选择"前 10 个"选项时，将弹出"自动筛选前 10 个"对话框。这里所谓"前 10 个"是一般术语，并不仅局限于前 10 个，可以选择"最大"或"最小"并定义任意的数字，比如根据需要选择 8 个、12 个等。

4．在工作表之间使用超链接

首先需要在被引用的其他工作表中相应的部分插入书签，然后在引用工作表中插入超链接。

在插入超链接时，可以先在"插入超级链接"对话框的"链接到文件或 URL"文本框中输入目标工作表的路径和名称，再在"文件中有名称的位置"文本框中输入相应的书签名，也可以通过"浏览"方式进行选择。完成上述操作之后，一旦使用鼠标单击工作表中带有下画线的文本，即可实现 Excel 自动打开目标工作表并转到相应的位置处。

5．快速链接网上的数据

可以用以下方法快速建立工作簿与网上数据的链接，操作方法如下。

首先，打开 Internet 上含有需要链接数据的工作簿，并在工作簿中选定数据；其次，在"开始"选项卡"剪贴板"功能组中单击"复制"按钮；再次，打开需要创建链接的工作簿，在需要显示链接数据的区域中，单击左上角单元格；最后，在"开始"选项卡"剪贴板"功能组中单击"粘贴"按钮，在弹出的下拉列表中选择"粘贴链接"选项即可。若想在创建链接时不打开 Internet 工作簿，可单击需要链接处的单元格，然后输入等号（=）和 URL 地址及工作簿位置，如 http://www.js.com/[file1.xlsx]。

10.4.2　数据管理技巧

1. 跨表操作数据

设有名称为 Sheet1、Sheet2 和 Sheet3 的 3 张工作表，现要用 Sheet1 的 D8 单元格的内容乘以 40%，再加上 Sheet2 的 B8 单元格数值的 60%，作为 Sheet3 的 A8 单元格的内容，则应该在 Sheet3 的 A8 单元格输入以下算式"=Sheet1!D8*40%+Sheet2!B8*60%"。

2. 查看 Excel 中相距较远的两列数据

在 Excel 中，若要将距离较远的两列数据（如 A 列与 Z 列）进行对比，通过不停地移动表格窗内的水平滚动条分别查看，这样的操作非常麻烦，而且容易出错。利用下面这个小技巧，可以将一个数据表"变"成两个，让相距较远的数据同屏显示。

把鼠标指针移到工作表底部水平滚动条右侧的小块上，鼠标指针便会变成一个双向的光标；把这个小块拖到工作表的中部，整个工作表被一分为二，出现了两个数据框，其中的数据都是当前工作表内的内容。这样便可以在一个数据框中显示 A 列数据，另一个数据框中显示 Z 列数据，从而轻松地进行比较。

3. 利用"选择性粘贴"命令完成一些特殊的计算

如果工作表中有大量数字格式的数据，并且希望将所有数字都取反，可使用"选择性粘贴"命令，操作方法如下。

在一个空单元格中输入"-1"，选中该单元格，在"开始"选项卡"剪贴板"功能组中单击"复制"按钮，选择目标单元格，在"开始"选项卡"剪贴板"功能组中单击"粘贴"按钮，在弹出的下拉列表中选择"选择性粘贴"选项。在"选择性粘贴"对话框中，选中"粘贴"栏下的"数值"单选按钮和"运算"栏下的"乘"单选按钮，单击"确定"按钮，所有数字将与-1 相乘。使用该方法也可以将单元格中的数值放大到 1000 倍或更大倍数。

10.5　拓展练习

1. 打开"员工考勤表"工作簿，对工作表"员工考勤表"进行数据统计。

1）筛选出需要提醒的员工信息。提醒的条件是：月迟到次数超过 2 次，或者缺席天数多于 1 天，或者有早退的现象。筛选结果如图 10-27 所示。

2）筛选出需要经理约谈的员工信息，约谈的条件是：迟到次数大于 6 次并且早退次数大于 2 次，或者缺席天数多于 3 天并且早退次数大于 1 次。筛选结果如图 10-28 所示。

3）按照所属部门，对员工考勤情况分类汇总，汇总出各部门的出勤情况。效果如图 10-29 所示。

序号	时间	员工姓名	所属部门	迟到次数	缺席天数	早退次数
0002	2015年1月	郭文	秘书处	10	0	1
0003	2015年1月	杨林	财务部	4	3	0
0004	2015年1月	雷庭	企划部	2	0	2
0005	2015年1月	刘伟	销售部	4	1	0
0006	2015年1月	何晓玉	销售部	0	0	4
0007	2015年1月	杨彬	研发部	2	0	8
0008	2015年1月	黄玲	销售部	1	1	4
0009	2015年1月	杨楠	企划部	3	0	2
0010	2015年1月	张琪	企划部	7	1	1
0011	2015年1月	陈强	销售部	8	0	0
0012	2015年1月	王兰	研发部	0	0	3
0013	2015年1月	田格艳	企划部	5	3	4
0014	2015年1月	王林	秘书处	7	0	1
0015	2015年1月	龙丹丹	销售部	0	4	0
0016	2015年1月	杨燕	销售部	1	0	1
0017	2015年1月	陈蔚	销售部	8	1	4
0018	2015年1月	邱鸣	研发部	6	0	5
0019	2015年1月	陈力	企划部	0	1	4
0020	2015年1月	王耀华	秘书处	0	0	1
0021	2015年1月	苏宇拓	企划部	6	0	0
0022	2015年1月	田东	企划部	3	0	0
0023	2015年1月	杜鹏	研发部	5	1	1
0024	2015年1月	徐琴	企划部	1	0	3
0025	2015年1月	孟永科	企划部	5	0	4
0026	2015年1月	巩月明	企划部	3	3	1
0028	2015年1月	何小鱼	研发部	1	0	5
0029	2015年1月	王琪	秘书处	0	2	0

图 10-27　筛选结果图 1

序号	时间	员工姓名	所属部门	迟到次数	缺席天数	早退次数
0017	2015年1月	陈蔚	销售部	8	1	4

图 10-28　筛选结果图 2

	A	B	C	D	E	F	G
1			企业员工月度出勤考核				
2	序号	时间	员工姓名	所属部门	迟到次数	缺席天数	早退次数
3	0003	2015年1月	杨林	财务部	4	3	0
4				财务部 汇总	4	3	0
5	0002	2015年1月	郭文	秘书处	10	0	1
6	0014	2015年1月	王林	秘书处	7	0	1
7	0020	2015年1月	王耀华	秘书处	0	0	1
8	0027	2015年1月	吉晓庆	秘书处	2	0	0
9	0029	2015年1月	王琪	秘书处	0	2	0
10	0031	2015年1月	张昭	秘书处	1	0	1
11				秘书处 汇总	20	2	4
12	0004	2015年1月	雷庭	企划部	2	0	2
13	0009	2015年1月	杨楠	企划部	3	0	2
14	0010	2015年1月	张琪	企划部	7	1	1
15	0013	2015年1月	田格艳	企划部	5	3	4
16	0019	2015年1月	陈力	企划部	0	1	4
17	0021	2015年1月	苏宇拓	企划部	6	0	0
18	0022	2015年1月	田东	企划部	3	0	0
19	0024	2015年1月	徐琴	企划部	1	0	3
20	0025	2015年1月	孟永科	企划部	5	0	4
21	0026	2015年1月	巩月明	企划部	3	3	1
22	0030	2015年1月	曾文洪	企划部	0	0	4
23				企划部 汇总	35	8	25
24	0005	2015年1月	刘伟	销售部	4	1	0
25	0006	2015年1月	何晓玉	销售部	0	0	4
26	0008	2015年1月	黄玲	销售部	1	1	4
27	0011	2015年1月	陈强	销售部	8	0	0
28	0015	2015年1月	龙丹丹	销售部	0	4	0
29	0016	2015年1月	杨燕	销售部	1	0	1

图 10-29　分类汇总效果图

2. 打开"销售业绩表"工作簿，利用数据透视表汇总出各种产品在不同地点的销售量占全部销售量的百分比，统计出不同产品按时间、地点分类的销售件数，效果如图 10-30、图 10-31 所示。

求和项:销售件数	
销售地点	汇总
安化	24.90%
东江	20.41%
黑坝	12.86%
两水	6.53%
陇南	21.43%
武都	13.88%
总计	100.00%

图 10-30　数据透视表 1

求和项:销售件数		销售地点						
销售产品	销售日期	安化	东江	黑坝	两水	陇南	武都	总计
短脉冲激光器	2014/3/28	5					5	10
	2014/4/12				7			7
	2014/5/1		7					7
	2014/5/26					8		8
	2014/6/6		12	7				19
	2014/6/7		3			5		8
短脉冲激光器 汇总		5	22	7	7	13	5	59
飞秒激光器	2014/4/12	8	4					12
	2014/4/13	4						4
	2014/6/6					4	4	8
飞秒激光器 汇总		12	4			4	4	24
光波导放大器	2014/3/28		5					5
	2014/4/8	5	4					9
	2014/4/12	9			5			14
	2014/5/26					5		5
	2014/6/7					4	4	8
光波导放大器 汇总		19	9		5	9	4	46
光电传感器	2014/4/5	7						7
	2014/5/1					4	7	11
	2014/6/2		7	7				14
光电传感器 汇总		7	7	7		4	7	32
光电发射机	2014/3/28		4		4	5		13
	2014/4/5	5	5					10
	2014/4/8			3				3
	2014/4/17					5	5	10
	2014/5/26			4				4

图 10-31　数据透视表 2

3．王芳负责公司的销售统计工作，此次需要对各分店前 4 季度的销售情况进行统计分析，并将结果提交给部门经理。打开"图书销售情况表.xlsx"，帮助王芳完成以下操作。

1）将"Sheet1"工作表命名为"图书销售"，将"Sheet2"命名为"图书价格"。

2）在"分店"列左侧插入一个空列，输入列标题为"序号"，并将该列以 001、002、003……的方式向下填充到最后一个数据行。

3）将工作表标题跨列合并后居中并适当调整其字体、加大字号，并改变字体颜色。适当加大数据表行高和列宽，设置对齐方式及销售额数据列的数值格式（保留 2 位小数），并为数据区域增加边框线。

4）将工作表"图书价格"中的区域 B3:C5 定义名称为"平均"。运用公式计算工作表"图书销售"中 F 列的销售额，要求在公式中通过 VLOOKUP 函数自动在工作表"图书价格"中查找相关图书的单价，并在公式中引用所定义的名称"平均"。计算销售额结果如图 10-32 所示。

5）为工作表"图书销售"中的销售数据创建一个数据透视表，放置在一个名为"透视表"的新工作表中，要求针对各类图书比较各分店每个季度的销售额。其中，图书名称为报表筛选字段，分店为行标签，季度为列标签，并对销售额求和。最后对数据透视表进行格式设置，使其更加美观。

6）根据生成的数据透视表，在透视表下方创建一个簇状柱形图，图表中仅对 3 个分店各季度名为"英语"的图书销售额进行比较。数据透视表和图表效果如图 10-33 所示。

	A	B	C	D	E	F
			某书店销售情况表			
1	序号	分店	图书名称	季度	数量	销售额(元)
2	001	第3分店	大学语文	3	111	3196.80
3	002	第3分店	大学语文	2	119	3427.20
4	003	第1分店	高等数学	2	123	4526.40
5	004	第2分店	英语	2	145	6090.00
6	005	第2分店	英语	1	167	7014.00
7	006	第3分店	高等数学	4	168	6182.40
8	007	第1分店	高等数学	4	178	6550.40
0	008	第3分店	英语	4	180	7560.00
1	009	第3分店	英语	4	189	7938.00
2	010	第2分店	高等数学	1	190	6992.00
3	011	第2分店	高等数学	4	196	7212.80
4	012	第2分店	高等数学	3	205	7544.00
5	013	第2分店	英语	1	206	8652.00
6	014	第2分店	高等数学	2	211	7764.80
7	015	第3分店	高等数学	3	218	8022.40
8	016	第2分店	大学语文	1	221	6364.80
9	017	第3分店	大学语文	4	230	6624.00
0	018	第1分店	高等数学	3	232	8537.60
1	019	第1分店	英语	3	234	9828.00
2	020	第1分店	大学语文	4	236	6796.80
3	021	第3分店	高等数学	2	242	8905.60

图 10-32　计算销售额结果

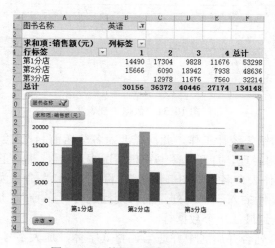

图 10-33　数据透视表和图表效果

7）保存"图书销售情况表.xlsx"文件。

第 3 篇　PowerPoint 篇

实例 11　工作汇报演示文稿制作

11.1　实例简介

11.1.1　实例需求与展示

实例介绍

学校领导需要针对"'十三五'期间学校发展的几个重要问题"进行一场专题报告，下面为报告的文稿。

题目："十三五"期间学校发展的几个重要问题

汇报背景： 面临的挑战和机遇

挑战： 生源持续下降；家长、企业、社会对毕业生要求越来越高；中职、应用型本科双重挤压；高职之间的竞争日益加剧。

机遇： 国家的政策环境利好消息越来越多；行业产业的优势；区域经济社会发展越来越好。

对策： 抓住机遇、迎接挑战、锐意进取、改革创新、狠抓内涵、争创一流。

一、师资队伍建设工程

专业带头人和名师建设： 国内知名专家 2~3 名，省内知名专家 5~8 名，新增 1~2 个省级优秀教学团队或科技创新团队。

博士工程： 继续推进，结合品牌专业建设，统筹安排，做好规划；培养或引进博士（含博士生）30 名。

骨干教师队伍： 提升教学能力和教科研能力，培养 100 名中青年骨干教师，硕士以上学位所占比例达到 90%。

双师素质提升： 校企共建"双师型"教师培养培训基地；结合现代学徒制的开展；专任教师中新型"双师型"比例达到 90%；具有两年以上企业工作经历或三个月以上企业进修经历的教师达到 70%。

兼职教师队伍建设： 每个专业每学期都要有兼职教师上课，每个专业至少 3~5 名稳定的兼职教师，加上毕业实习指导教师，组成 300 人左右的兼职教师资源库，构成混编教学团队。

二、专业建设工程

优化专业体系结构： 电子信息产业为主，向现代服务业和战略新兴产业拓展。深化电子商务、网络营销专业内涵，做强会计和财务管理类专业，继续办好报关、现代物流等专业；积极拓展智能制造、工业机器人技术、轨道交通、新能源、大数据、云计算等。

提升专业建设水平： 以省级品牌专业为引领，瞄准国内一流；以校级品牌专业为支撑，瞄准省内一流；辐射和带动校内的一般专业。大力建设，建出水平，建出特色。

三、学生素质提升工程

系统工程：创新创业教育贯穿教育教学的全过程。

深化教育教学改革：创新人才培养模式，改革教学内容、方法和手段，课程改革。

提高课堂教学质量：学情分析与课程标准把握结合，理论与实践结合，教与学结合，传统教法与信息化教学结合，学会与会学结合。

实践创新能力提升：开放实训室、技能大赛、第二课堂、大学生创新创业基地等。

其他：思想道德素质、职业素养、人文素质、身体和心理素质等。

四、招生就业工程

招生：生命线。多种生源，全年招生，精准招生，政策支持，全员发动。

就业创业：提高就业率，提高就业质量；鼓励学生创业，打造创业基地。

五、科研与社会服务工程

科研队伍建设：学校、院系二级管理，专职科研人员队伍和团队建设亟待加强。

发挥平台作用：九个省级平台为载体，带动辐射其他科研项目和队伍。

加大社会培训力度：每个院系都要有社会培训任务，培训项目和培训人次要逐年递增。

六、现代职教体系构建工程

对接中职：响应教育部要求，拓展生源。

对接应用型本科：吸引优质生源，锻炼师资队伍，构造职业教育立交桥。

提升办学层次：从专业层面上，探索试办本科层次的职业教育；从学校层面上，在区域内，在信息产业系统内扩大影响。

依据本案例设计，实现的效果如图 11-1 所示。

图 11-1　本实例最终实现效果

a) 封面页　b) 目录页　c) 正文页 1　d) 正文页 2　e) 正文页 3　f) 封底页

11.1.2　知识技能及目标

本实例涉及的知识点主要有：PPT 框架策划、PPT 页面草图设计、插入文本框、插入图片、插入形状。

知识技能目标：

- 掌握 PPT 页面设置。
- 掌握插入文本及设置文本的方法。
- 掌握插入图片与图文混排的方法。
- 掌握插入形状及设置格式的方法。
- 掌握图文混排的 CRAP 原则。

PPT 的框架
设计

11.2　实例实现

本演示文稿主要采用了扁平化的设计，实例中主要应用了页面设置，插入与设置文本、图片、形状等元素，实现图文混排。

11.2.1　PPT 框架设计

本实例可以采用说明式框架结构，如图 11-2 所示。

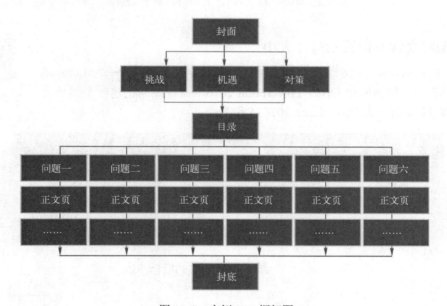

图 11-2　实例 PPT 框架图

11.2.2　PPT 页面草图设计

整个页面的布局结构如图 11-3 所示。

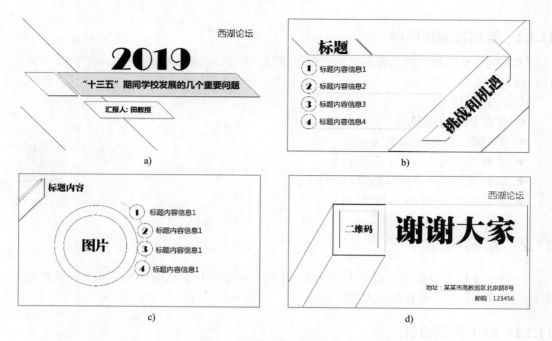

图 11-3　页面结构分析设计

a) 封面结构　b) 背景结构　c) 目录结构　d) 正文结构

11.2.3　创建文件并设置幻灯片大小

页面草图绘制

启动 PowerPoint 2016，执行"开始"→"所有程序"→"Microsoft Office 2016"→"Microsoft Office PowerPoint 2016"命令，新创建一个演示文稿文档，图 11-4 所示为 PowerPoint 2016 工作界面。

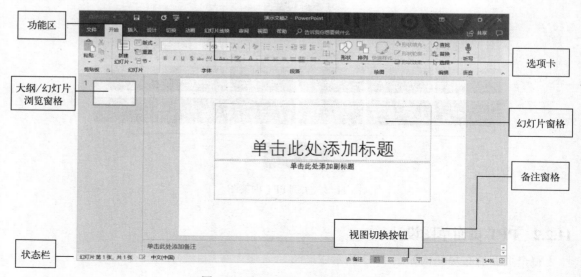

图 11-4　PowerPoint 2016 工作界面

执行"文件"→"另存为"菜单命令，将文件保存为"十三五期间学校发展的几个重要问题.pptx"。

选择"设计"选项卡；在"设计"功能组中单击"幻灯片大小"按钮，如图 11-5 所示，弹出"幻灯片大小"对话框，如图 11-6 所示，设置宽度为 33.867 厘米，高度为 19.05 厘米。

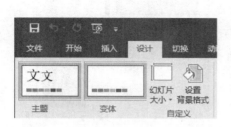

图 11-5 "幻灯片大小"按钮

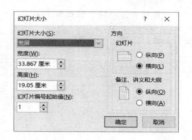

图 11-6 "幻灯片大小"对话框

11.2.4 封面页的制作

封面页面的制作

依据图 11-1a 所示的封面结构进行封面设计，封面设计的重点是插入形状并编辑，具体方法与步骤如下。

1）选择"插入"选项卡，单击"形状"按钮，选择"矩形"栏中的"矩形"选项，如图 11-7 所示，在页面中拖动鼠标绘制一个矩形，如图 11-8 所示。

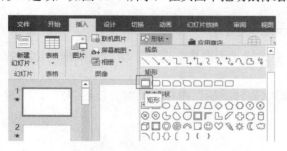

图 11-7 插入矩形

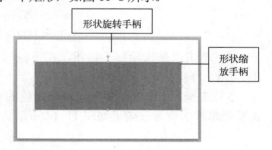

图 11-8 插入矩形后的效果

2）双击矩形，切换至"绘图工具"→"格式"选项卡，如图 11-9 所示。

图 11-9 "格式"选项卡

3）单击"形状样式"功能组中的"形状填充"按钮，在下拉列表中选择"其他形状填充颜色"选项，如图 11-10 所示，弹出"颜色"对话框，选择"自定义"选项卡，设置矩形框的填充颜色的"颜色模式"为"RGB"，设置红色为"10"，绿色为"86"，蓝色为"169"，如图 11-11 所示，设置完成后矩形效果如图 11-12 所示。

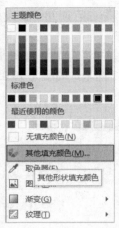

图 11-10 "其他形状填充"选项

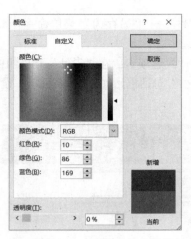

图 11-11 自定义填充颜色

图 11-12 填充后矩形效果

4）单击"形状轮廓"按钮，在下拉列表中选择"无轮廓"选项，清除矩形框的边框效果，如图 11-13 所示。

5）选择上面绘制的矩形，单击绿色的"形状旋转手柄"图标，顺时针旋转 45°，同时调整矩形框的位置，效果如图 11-14 所示。

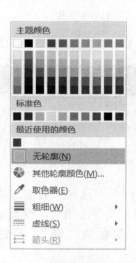

图 11-13 "无轮廓"选项

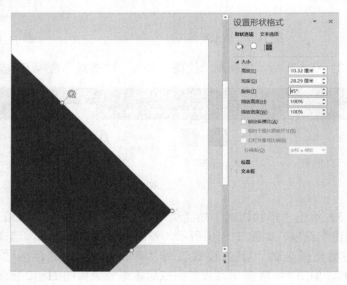

图 11-14 旋转矩形框后的效果

6）选择"插入"选项卡，单击"形状"按钮，选择"矩形"栏中的"平行四边形"选项，在页面中拖动鼠标绘制一个平行四边形，形状填充为橙色，调整大小与位置，效果如图 11-15 所示。

7）双击平行四边形，切换至"绘图工具"→"格式"选项卡，单击"旋转"按钮，在弹出的下拉列表中选择"水平翻转"选项，如图 11-16 所示。

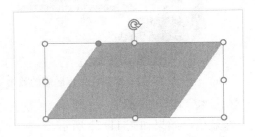

图 11-15　插入的平行四边形

图 11-16　"水平翻转"选项

8）调整橙色平行四边形的位置，效果如图 11-17 所示。采用同样的方法，在页面中再次绘制一个平行四边形，形状填充为浅灰色，调整大小与位置，效果如图 11-18 所示。

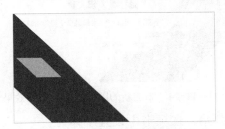

图 11-17　调整后的橙色平行四边形

图 11-18　新插入灰色平行四边形后的效果

9）双击灰色的平行四边形，切换至"绘图工具"→"格式"选项卡，单击"形状效果"按钮，在弹出的下拉列表中选择"阴影"→"偏移：右下"选项，如图 11-19 所示。效果如图 11-20 所示。

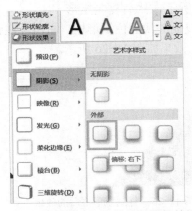

图 11-19　设置平行四边形的阴影效果

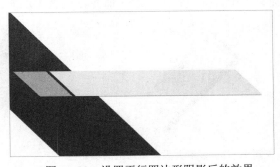

图 11-20　设置平行四边形阴影后的效果

10）在"插入"选项卡中单击"文本框"按钮，在弹出的下拉列表中选择"横排文本框"选项，输入文本"'十三五'期间学校发展的几个重要问题"，在"开始"选项卡中设置字体为"微软雅黑"，字体大小为"36"，字体加粗，文本颜色为深蓝色，如图 11-21 所示，设置后的效果如图 11-22 所示。

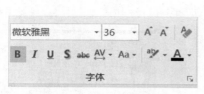

图 11-21　设置文字的格式

图 11-22　添加文字标题后的效果

11）采用同样的方法，输入文本"2019"，在"开始"选项卡中设置字体为"Broadway"，字体大小为"130"，文本颜色为深蓝色，效果如图 11-23 所示。

12）采用同样的方法，插入新的平行四边形，插入新的文本，效果如图 11-24 所示。

图 11-23　添加"2019"文字后的效果

图 11-24　添加新的图形与文字后的效果

13）在右上角添加文字"西湖论坛"，在"开始"选项卡中设置字体为"幼圆"，字体大小为"36"，文本颜色为深蓝色，效果如图 11-1a 所示。

目录页面的制作

11.2.5　目录页的制作

目录页设计与封面页面设计基本相似，具体方法与步骤如下。

1）复制封面页，删除多余内容，效果如图 11-14 所示，然后复制矩形框，设置填充色为浅蓝色，效果如图 11-25 所示，选择复制的浅蓝色矩形框，右击并在弹出的快捷菜单中选择"置于底层"命令，调整矩形的位置，效果如图 11-26 所示。

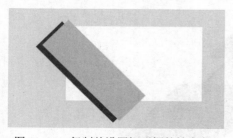

图 11-25　复制并设置矩形框的填充色

图 11-26　复制矩形框后的效果

2）复制封面页中的浅灰色矩形框，调整大小与位置，插入文本"目录"，在"开始"选项卡中设置字体为"方正粗宋简体"，字体大小为"36"，文本颜色为深蓝色，效果如图 11-27 所示。

3）选择"插入"选项卡，单击"形状"按钮，选择"基本形状"栏中的"三角形"选项，在页面中拖动鼠标绘制一个三角形，形状填充为深蓝色，调整大小与位置；插入横排文本框，输入文本"01"，设置字体为"Impact"，大小为"36"，颜色为深蓝色；继续插入深蓝色的矩形框与文本"师资队伍建设工程"，效果如图 11-28 所示。

图 11-27　添加目录标题后的效果　　　　图 11-28　添加目录内容后的效果

4）复制"师资队伍建设工程"，依次粘贴并修改序号与目录的内容，效果如图 11-1d 所示。

内容页面的制作

11.2.6　正文页的制作

正文页面主要包含 6 个方面，效果如图 11-29 所示。

图 11-29　正文页的最终实现效果

a) 师资队伍建设工程　b) 专业建设工程　c) 学生素质提升工程　d) 招生就业工程　e) 科研社会服务工程　f) 现代职教体系构建工程

在正文页面中基本都使用了图形与文本的组合来完成设计，这与封面与目录页面效果相似，图 11-29a 与图 11-29c 还运用了图片，下面以图 11-29c 为例介绍正文页面的实现过程。具体方法与步骤如下。

1）在"插入"选项卡中单击"形状"按钮后，在下拉列表中选择"平行四边形"选项，在页面中拖动鼠标绘制一个平行四边形，形状填充为深蓝色，边框设置为"无边框"，旋转并调整平行四边形的大小与位置，复制平行四边形，填充浅蓝色；插入文本"三、学生素质提升工程"，在"开始"选项卡中设置字体为"方正粗宋简体"，字体大小为"36"，文本颜色为深蓝色，效果如图 11-30 所示。

2）在"插入"选项卡中单击"形状"按钮后，在下拉列表中选择"椭圆"选项，按〈Shift〉键，在页面中拖动鼠标绘制一个圆形，形状填充为淡蓝色，边框设置为"无边框"，效果如图 11-31 所示。

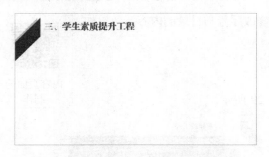

图 11-30　添加平行四边形与文本

图 11-31　添加圆形后的效果

3）在"插入"选项卡中单击"图片"按钮，弹出"插入图片"对话框，选择"素材"文件夹中的"学生.png"图片，如图 11-32 所示，调整大小与位置，插入图片后的效果如图 10-33 所示。

图 11-32　"插入图片"对话框

图 11-33　插入图片后的效果

4）其余的效果主要是插入图形与文字，在此不作赘述，效果如图 11-29c 所示。

11.2.7　封底页的制作

封底页面的
制作

依据图 11-1f 所示封底结构进行封底设计，封底设计的重点是形状、图片与文字的混排。由于已经学习了图形的插入、文字的设置，图片的插入在此只作简单的步骤介绍。

1）使用插入图形的方法插入两个平行四边形，如图 11-34 所示，然后插入浅蓝色的正方形与浅灰色的矩形框，如图 11-35 所示。

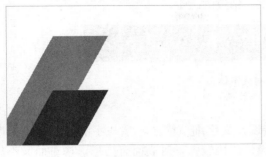

图 11-34　插入平行四边形

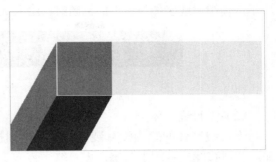

图 11-35　插入两个矩形

2）为了增加立体感，在两个平行四边形交界的地方绘制白色的线条，如图 11-36 所示，插入"素材"文件夹中的"二维码.png"图片，效果如图 11-37 所示。

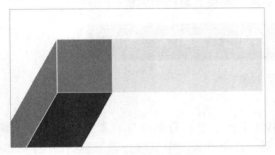

图 11-36　线条的应用

图 11-37　插入二维码图片后的效果

3）插入其他文本内容，效果如图 11-1f 所示。

11.3　实例小结

本实例通过介绍工作汇报演示文稿的制作过程，学习了页面设置，插入文本、图片、形状，并通过编辑达到想要的效果。

11.4　经验技巧

字体的使用

11.4.1　PPT 文字的排版与字体巧妙使用

PPT 中文字的应用要主次分明。在内容方面，呈现主要的关键词、观点即可。在文字的排版方面，文字之间的行距最好控制在 125%～150% 之间。

在西文的字体分类方法中将字体分为两类：衬线字体和无衬线字体，实际上，这种分类方法对汉字的字体也适用。

（1）衬线字体

衬线字体在笔画开始和结束的地方有额外的装饰，而且笔画的粗细有所不同。文字细节较复杂，较注重文字与文字的搭配和区分，在纯文字的 PPT 中使用较好。

常用的衬线字体有宋体、楷体、隶书、粗倩、粗宋、舒体、姚体、仿宋体等，如图 11-38 所示。使用衬线字体作为页面标题时，给人优雅、精致的感觉。

图 11-38　衬线字体

（2）无衬线字体

无衬线字体的笔画没有装饰，笔画粗细接近，文字细节简洁，字与字的区分不是很明显。相对衬线字体的手写感，无衬线字体人工设计感比较强，时尚而有力量，稳重而又不失现代感。无衬线字体更注重段落与段落、文字与图片的配合及区分，在图表类型 PPT 中表现较好。

常用的无衬线体有黑体、微软雅黑、幼圆、综艺简体、汉真广标、细黑等，如图 11-39 所示。使用无衬线字体作为页面标题时，给人简练、明快、爽朗的感觉。

图 11-39　无衬线字体

（3）书法字体

书法字体，就是书法风格的字体。传统书法字体主要有行书字体、草书字体、隶书字体、篆书字体和楷书字体五种，也就是五个大类。在每一大类中又细分若干小的门类，如篆书又分大篆、小篆，楷书又有魏碑、唐楷之分，草书又有章草、今草、狂草之分。

PPT 常用的书法体有苏新诗柳楷、迷你简启体、迷你简祥隶、叶根友毛笔行书等，如图 11-40 所示。书法字体常被用在封面、片尾，用来表达传统文化或富有艺术气息的内容。

图 11-40　书法字体

（4）字体的经典组合体

经典搭配 1：方正综艺体（标题）+微软雅黑（正文）。此搭配适合用在课题汇报、咨询报告、学术报告等正式场合，如图 11-41 所示。

方正综艺体有足够的分量，微软雅黑足够饱满，两者结合能让画面显得庄重、严谨。

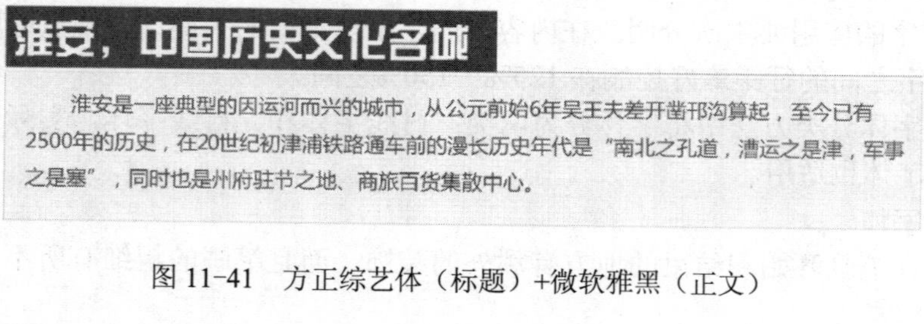

图 11-41　方正综艺体（标题）+微软雅黑（正文）

经典搭配 2：方正粗宋简体（标题）+微软雅黑（正文）。此搭配适合用在会议之类的严肃场合，如图 11-42 所示。

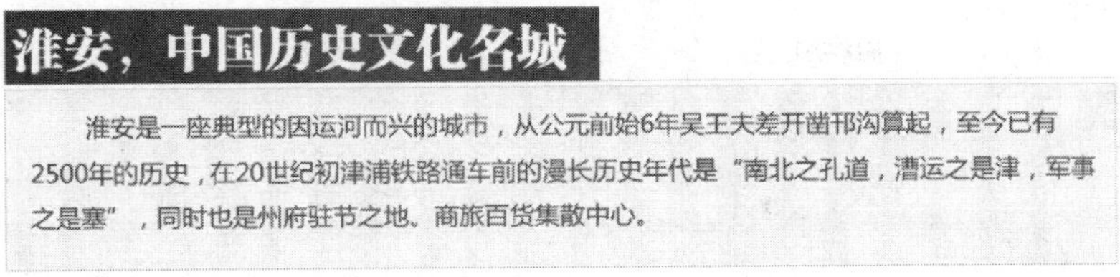

图 11-42 　方正粗宋简体（标题）+微软雅黑（正文）

方正粗宋简体是会议场合使用的字体，庄重严谨，铿锵有力，显示了一种威严与规矩。

经典搭配 3：方正粗倩简体（标题）+微软雅黑（正文）。此搭配适合用在企业宣传、产品展示之类的场合，如图 11-43 所示。

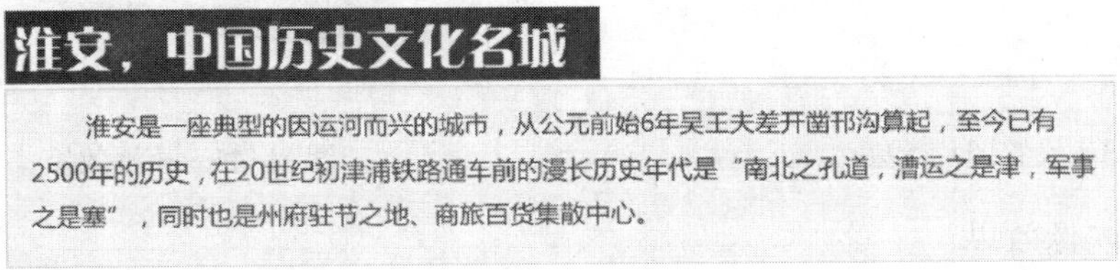

图 11-43 　方正粗倩体（标题）+微软雅黑（正文）

方正粗倩简体不仅有分量，而且有几分温柔与洒脱，让画面显得足够鲜活。

经典搭配 4：方正卡通简体（标题）+微软雅黑（正文）。此搭配适合用在卡通、动漫、娱乐等活泼一点的场合，如图 11-44 所示。

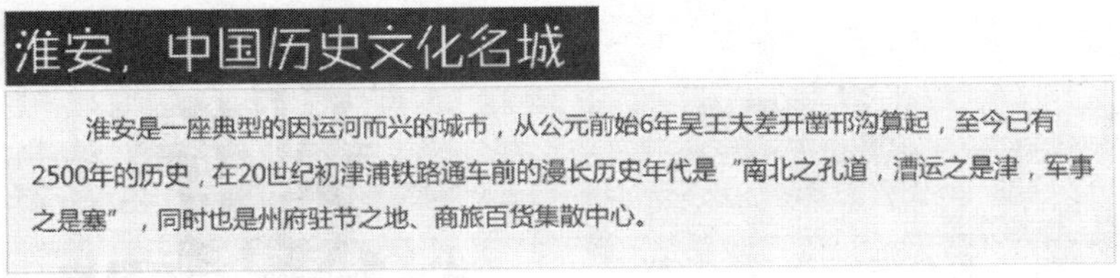

图 11-44 　方正卡通简体（标题）+微软雅黑（正文）

方正卡通简体轻松活泼，能增加画面的生动感。

此外，还可以使用微软雅黑（标题）+楷体（正文）、微软雅黑（标题）+宋体（正文）等搭配。

11.4.2 图片效果的应用

PPT 有强大的图片处理功能，下面介绍一些常用的图片处理功能。

（1）图片相框效果

PPT 在图片样式中提供了一些精美的相框，具体使用方法如下。

打开 PowerPoint 2016，插入素材图片"晨曦.jpg"，双击图像，然后单击"图片边框"按

图片效果的应用

钮，在下拉列表中设置边框颜色为白色，边框粗细为 6 磅，单击"图片效果"按钮，在下拉列表中选择"阴影"→"偏移：中"，如图 11-45 所示，复制图片并进行移动与旋转，效果如图 11-46 所示。

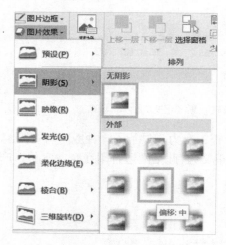

图 11-45　设置图片效果

图 11-46　相框效果

（2）图片映像效果

图片的映像效果是立体化的一种体现，图片映像效果会给人更加强烈的视觉冲击。

要设置映像效果，可以选中图片（素材"化妆品.jpg"）后，选择"图片工具"→"格式"选项卡，在"图片样式"功能组中单击"图片效果"按钮，在下拉列表中选择"映像"选项，然后选择"紧密映像：4 磅偏移量"，如图 11-47 所示，设置恰当的距离，效果如图 11-48 所示。

图 11-47　设置图片效果

图 11-48　映像效果

也可以右击图片，在弹出的快捷菜单中选择"设置图片格式"命令，在"设置图片格式"窗格中可以对映像的透明度、大小等细节进行设置。

（3）快速实现三维效果

图片的三维效果是图片立体化最突出的表现形式，实现的方法如下。

选中素材图片（"啤酒.jpg"）后，选择"图片工具"→"格式"选项卡，在"图片样式"功能组中单击"图片效果"按钮，在下拉列表中选择"三维旋转"→"透视"→"右透视"选项，右击图片，执行"设置图片格式"命令，在"三维旋转"选项中设置 X 轴旋转"320°"，如图 11-49 所示，最后，再设置"映像"效果，最终的三维效果如图 11-50 所示。

图 11-49 "设置图片格式"窗格

图 11-50 三维效果

（4）利用裁剪实现个性形状

在 PPT 中插入图片的形状一般是矩形，通过裁剪功能可以将图片更换成任意的自选形状，以适应多图排版。

双击素材图片"晨曦.jpg"，单击"裁剪"按钮，设置"纵横比"的比例为"1∶1"，调整位置，可以将素材裁剪为正方形。

选择"图片工具"→"格式"选项卡，在"大小"功能组中单击"裁剪"按钮，在下拉列表中选择"裁剪为形状"→"泪滴形"选项，如图 11-51 所示，裁剪后的效果如图 11-52 所示。

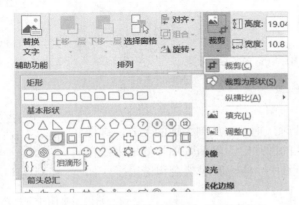

图 11-51 设置"裁剪形状"为"泪滴形"

图 11-52 裁剪后的效果

（5）绘制图形并填充

当在下拉列表中没有找到想要的形状时，可以先绘制图形，再进行图片填充。需要注意的是，绘制的图形和填充图片的长宽比务必保持一致，否则会导致图片扭曲变形，从而影响美观。图片填充后的效果如图 11-53 所示。选择图形，右击图形，在弹出的快捷菜单中选择"设置图片格式"命令，在"设置图片格式"窗格的"填充"选项中，选中"图片或纹理填充"单选按钮，在"插入图片来自"下方，单击"文件"按钮，选择要插入的图片即可，如图 11-54 所示。

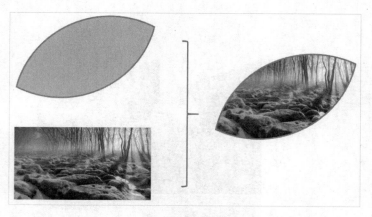

图 11-53　图片填充后的效果　　　　　　图 11-54　设置填充方式

插入完成后，还可以根据需要设置相关的其他参数。

（6）给文字填充图片

为了使标题文字更加美观，还可以将图片填充到文字内部，效果如图 11-55 所示，具体方法与形状的图片填充相似。

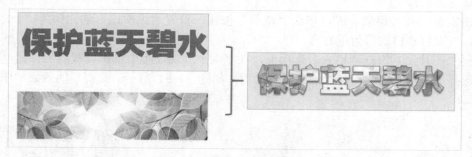

图 11-55　图片填充文字后的效果

11.4.3　多图排列技巧

当一页 PPT 中有天空与大地两幅图片时，把天空放到大地的上方，这样更协调，如图 11-56 所示。当有两幅大地的图片时，将两张图片的地平线在同一直线上，使两张图片看起来就像一张图片一样，看起来会和谐很多，如图 11-57 所示。

多图排列技巧

大地在上，蓝天在下，不合常理　　　　　　天为上，地为下，和谐自然

图 11-56　天空在上大地在下

地平线错开
视觉不协调

地平线一致
视觉更舒服

图 11-57　两幅大地图像的地平线平齐

对于多张人物图片，将人物的眼睛置于同一水平线上时看起来是很舒服的。这是因为在面对一个人时一定是先看他的眼睛，当这些人物的眼睛处于同一水平线时，视线在四张图片间移动是平稳流畅的，如图 11-58 所示。

人物的眼睛置于同一水平线上

图 11-58　多个人物的眼睛在一条线上

另外，人们在观察一个 PPT 页面时视线的移动实际是跟随图片中人物视线的方向的，所以，处理好图片中人物与 PPT 内容的位置关系非常重要，如图 11-59 所示。

图 11-59　PPT 内容在视线的方向

　　在对单个人物与文字进行排版时，人物的视线应朝向文字，使用两张人物图片时，两人视线相对，可以营造和谐的氛围。

11.4.4　PPT 界面设计的 CRAP 原则

PPT 界面设计
CRAP 原则

　　CRAP 是罗宾·威廉斯提出的四项基本设计原理，主要为对比（Contrast）、重复（Repetition）、对齐（Alignment）、亲密性（Proximity）4 个基本原则。

　　下面以"公司主营业务"为主要载体来实践一下界面设计的 CRAP 原则的运用，原页面效果如图 11-60 所示。运用"方正粗宋简体（标题）+微软雅黑（正文）"的字体搭配后的效果如图 11-61 所示。

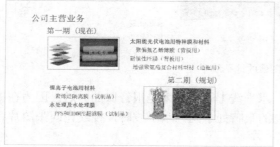

图 11-60　原页面效果

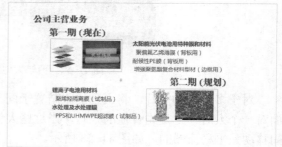

图 11-61　使用"方正粗宋简体+微软雅黑"后的效果

　　下面介绍 CRAP 并运用原则修改这个界面的效果。

　　（1）亲密性（Proximity）

　　彼此相关的项应当靠近，使它们成为一个视觉单元，而不是散落的孤立元素，从而减少混乱。要有意识地注意读者是（自己）怎样阅读的，视线从哪里开始，怎样移动，到哪里结束。

　　目的：根本目的是实现元素的组织性，使页面更美观。

　　实现：微眯眼睛，统计页面元素，如果超过 3 个，就进行归组合并。

　　注意：不要只因为有页面留白就把元素放在角落或者中部，避免一个页面上有太多孤立的元素，不要在元素之间留置同样大小的空白，除非各组同属于一个子集，不属于同一组的元素之间不要建立关系。

本例优化："公司主营业务"中主要包含 3 层意思，标题为"公司主营业务"，其下包含了两个内容：第一期产品的图片与文字，第二期产品的图片与文字。根据"亲密性"原则，把相关联的信息互相靠近。注意：在调整内容时，标题"公司主营业务"与"第一期"，以及"第一期"与"第二期"之间的间距要相等，而且间距一定要拉开，让浏览者清楚地感觉到这个页面分为三个部分，页面效果如图 11-62 所示。

（2）对齐（Alignment）

任何东西都不能在页面上随意摆放，每个素材都与页面上的另一个元素有某种视觉联系（例如并列关系），可建立一种清晰、精巧且清爽的外观。

目的：使页面统一而且有条理，不论创建精美的、正式的、有趣的还是严肃的外观，通常都可以利用一种明确的对齐来达到目的。

实现：要特别注意元素放在哪里，应当总能在页面上找出与之对齐的元素。

问题：要避免在页面上混合使用多种文本对齐方式，尽量避免居中对齐，除非有意创建一种比较正式稳重（乏味）的表示。

本例优化：运用"对齐"原则，将"公司主营业务"与"第一期""第二期"对齐，将第一期与第二期中的图片左对齐，将"第一期"与"第二期"的文字左对齐，将第一期中的图片与文字顶端对齐，最终达到清晰、精巧、清爽的外观，效果如图 11-63 所示。

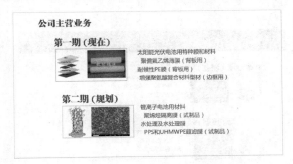

图 11-62　运用"亲密性"原则修改后的效果　　　　图 11-63　运用"对齐"原则修改后的效果

技巧：在实现对齐的过程中可以使用"视图"选项卡"显示"功能组中的"标尺""网格线""参考线"按钮来辅助对齐，例如图 11-63 中的虚线就是参考线。也可以使用"开始"选项卡"绘图"功能组中的"排列"按钮，实现元素的左对齐、右对齐、左右居中、顶端对齐、底端对齐、上下居中。此外，还可以用"横向分布"与"纵向分布"实现各个元素的等间距分布。

（3）重复（Repetition）

让设计中的视觉要素在整个作品中重复出现，可以重复颜色、形状、材质、空间关系、线宽、字体、大小和图片，既可增加条理性，又可加强统一性。重复对于多页文档的设计更重要。

目的：统一并增强视觉效果，如果一个作品看起来很统一，往往更易于阅读。

实现：为保持并增强一致性，可以增加一些纯粹为建立重复而设计的元素；创建新的重复元素，来增加设计的效果并提高信息的清晰度。

问题：要避免太多地重复一个元素，要注意对比的价值。

本例优化：将本例中将"公司主营业务""第一期""第二期"标题文本字体加粗，或者更换颜色；在两张图片左侧添加同样的"橙色"矩形条；将两张图片的边框修改为"橙色"；在"第一期""第二期"同样的位置添加一条虚线；在"第一期""第二期"文本前方添加图标，如图 11-64 所示。通过这些调整将"第一期"与"第二期"的内容更加紧密地联系在一起，加强了版面的条理性与统一性。

（4）对比（Contrast）

在不同元素之间建立层级结构，让页面元素具有截然不同的字体、颜色、大小、线宽、形状、空间等，从而增加版面的视觉效果。

目的：增强页面效果，有助于重要信息的突出。

实现：通过字体选择、线宽、颜色、形状、大小、空间等来增加对比，对比一定要强烈。

问题：对比不明显。如果要形成对比，就加大对比力度。

本例优化：将标题文字再次放大；还可以将标题增加色块衬托，更换标题的文字颜色，例如修改为白色等。将"第一期"产品中"太阳能光伏电池用特种膜和材料"标题文本加粗，"第二期"产品也加粗；将"第一期"产品中"太阳能光伏电池用特种膜和材料"下的系列产品添加"项目符号"，突出层次关系，给"第二期"的产品也添加同样的项目符号，如图 11-65 所示。

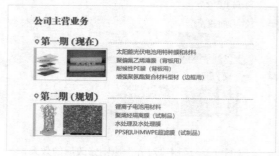
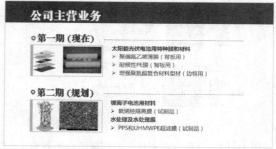

图 11-64　运用"重复"原则修改后的效果　　　图 11-65　运用"对比"原则修改后的效果

11.5　拓展练习

对以下内容进行提炼，根据本单元学习的内容优化 PPT 页面。

标题：微课相关概念

在美国，宾夕法尼亚大学 60 秒系列讲座、美国韦恩州立大学实施的"一分钟学者"活动都是微讲座。其中新墨西哥州圣胡安学院（综合性学科大专社区学院）的高级教学设计师、学院在线服务经理戴维·彭罗斯（David Penrose）首次提出了时长一分钟的"微讲座"的理念。他的主要思想是在课程中把教学内容与教学目标紧密地联系起来，以产生一种"更加聚焦的学习体验"。戴维·彭罗斯被人们戏称为"一分钟教授"，他把微讲座称为"知识脉冲"，同时他认为知识脉冲要有相应的作业与讨论，就能够达到与长时间授课同样的效果。这意味着微讲座不仅用于科普教育，也可以用作课堂教学，这是微视频教学应用的转折点。

依据以上内容，制作完成的页面效果如图 11-66 所示。

a)

b)

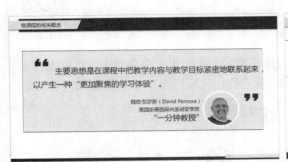

c)

d)

图 11-66　依据文字内容实现的图文混排效果

a) 方案 1　b) 方案 2　c) 方案 3　d) 方案 4

实例 12　企业展示演示文稿制作

12.1　实例简介

实例介绍

12.1.1　实例需求与展示

易百米快递公司作为创业成功的典型，刘经理需要做一个汇报，公关部小王负责制作本次活动的演示文稿。利用 PPT 的母版功能与基本的排版功能，完成后的 PPT 效果如 12-1 所示。

a)

b)

c)

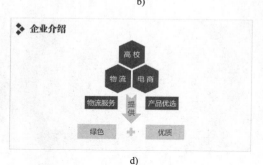

d)

e)

f)

图 12-1　企业介绍页面效果

a) 封面页　b) 目录页　c) 过渡页　d) 正文页 1　e) 正文页 2　f) 封底页

12.1.2　知识技能及目标

本实例涉及的知识点主要有：母版的结构、模板的制作与使用等。

知识技能目标：

- 了解 PowerPoint 演示文稿母版的基本结构。
- 掌握 PowerPoint 演示文稿母版的使用方法。
- 掌握封面、目录、过渡页、内容页、封底的制作。

12.2　实例实现

本实例主要使用了 PowerPoint 中的母版，结合前面学习的图文混排来完成整个任务，具体使用方法如下。

12.2.1　认识幻灯片母版

1）执行"开始"→"所有程序"→"Microsoft Office 2016"→"Microsoft PowerPoint 2016"命令，启动 PowerPoint 2016，新创建一个演示文稿文档，命名为"易百米快递-创业案例介绍-模板.pptx"。选择"设计"选项卡，在"设计"功能组中单击"页面设置"按钮，弹出"页面设置"对话框，在"幻灯片大小"下拉列表框中选择"自定义"选项，设置宽度为"33.86 厘米"，高度为"19.05 厘米"。

2）选择"视图"选项卡，在"母版视图"功能组中，单击"幻灯片母版"按钮，如图 12-2 所示。

图 12-2　单击"幻灯片母版"按钮

3）系统会自动切换到"幻灯片母版"选项卡，如图 12-3 所示。

图 12-3　"幻灯片母版"选项卡

4）此时看到 PowerPoint 2016 中提供的多种样式的母版，包括默认设计模板、标题幻灯片模板、标题与内容模板、节标题模板等，母版的基本结构如图 12-4 所示。

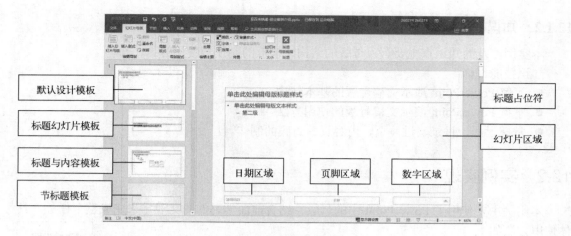

图 12-4　母版的基本结构

5）选择"默认设计模板"，在幻灯片区域中右击，弹出快捷菜单，如图 12-5 所示，执行"设置背景格式"命令，弹出"设置背景格式"窗格，在"填充"选项下选择"渐变填充"单选按钮，设置渐变类型为"线性"，方向为"线性向上"，角度"270°"，渐变光圈为浅灰色向白色的过渡，如图 12-6 所示。

图 12-5　快捷菜单

图 12-6　"设置背景格式"窗格

6）此时，整个母版的背景色都是自上而下的白色到浅灰色的渐变色了。

12.2.2　标题幻灯片模板的制作

标题幻灯片模板主要采用上下结构的布局，实现方式如下。

1）选择"标题幻灯片"，在"幻灯片母版"选项卡中单击"背景样式"

封面页
模板设计

162

按钮，弹出"设置背景格式"窗格，在"填充"选项下选择"图片或纹理填充"单选按钮，单击"文件"按钮，选择"素材"文件夹中的"封面背景.jpg"，单击"关闭"按钮，效果如图 12-7 所示。

2）在"插入"选项卡中单击"形状"按钮，在下拉列表中选择"矩形"选项，绘制一个矩形，形状填充为深蓝色（红：6，绿：81，蓝：146），形状轮廓为"无轮廓"，复制一个矩形框，然后调整填充色为橙色，分别调整两个矩形框的高度，效果如图 12-8 所示。

图 12-7　添加背景图片

图 12-8　分别插入矩形框

3）在"插入"选项卡中单击"图片"按钮，选择"素材"文件夹中的图片文件"手机.png"和"物流.png"，调整图片的位置，效果如图 12-9 所示。

4）在"插入"选项卡中单击"图片"按钮，选择素材文件夹中的图片文件"logo.png"，调整图片的位置。在"插入"选项卡中单击"文本框"按钮，在下拉列表中选择"横排文本框"选项，插入文本"易百米快递"，设置字体为"方正粗宋简体"，大小为"44"。同样插入文本"百米驿站——生活物流平台"，设置字体为"微软雅黑"，大小为"24"，调整位置，效果如图 12-10 所示。

图 12-9　插入图片

图 12-10　插入 logo 与企业名称

5）选择"幻灯片母版"选项卡，选"插入占位符"按钮右侧的"标题"复选框，设置模板的标题样式，字体为"微软雅黑"，字体大小为"88"，标题加粗，颜色为深蓝色，继续单击"插入占位符"按钮，设置副标题样式，字体为"微软雅黑"，字体大小为"28"，效果如图 12-11 所示。

6）在"插入"选项卡中单击"图片"按钮，选择"素材"文件夹中的图片文件"电话.png"，调整图片的位置，插入文本"全国服务热线：400-0000-000"，设置字体为"微软雅黑"，字体大小为"20"，颜色为"白色"，效果如图 12-12 所示。

7）选择"幻灯片母版"选项卡，单击"关闭母版视图"按钮，在"普通视图"下，单击占位符"模板标题样式"后，输入"创业案例介绍"，单击占位符"单击此处编辑母版副标题样式"，输入"汇报人：刘经理"，效果如图 12-1a 所示。

图 12-11　插入标题占位符

图 12-12　插入电话图标与电话

12.2.3　目录页幻灯片模板的制作

目录页幻灯片模板的制作

1）选择一个新的版式，删除所有占位符，在"幻灯片母版"选项卡中单击"背景样式"按钮，弹出"设置背景格式"窗格，在"填充"选项下选择"图片或纹理填充"单选按钮，单击"文件"按钮，选择"素材"文件夹中的"过渡页背景.jpg"，单击"关闭"按钮，在"插入"选项卡中单击"形状"按钮，在下拉列表中选择"矩形"选项，绘制一个深蓝色矩形，放置在页面最下方，效果如图 12-13 所示。

2）在"插入"选项卡中单击"形状"按钮，在下拉列表中选择"矩形"选项，绘制一个矩形，形状填充为深蓝色（红：6，绿：81，蓝：146），形状轮廓为"无轮廓"，插入文本"C"，颜色设置为白色，字体为"Bodoni MT Black"，字体大小为"66"，输入文本"ontents"，设置为深灰色，字体为"微软雅黑"，字体大小为"24"，输入文本"目录"，颜色设置为深灰色，字体为"微软雅黑"，字体大小为"44"，调整位置后的效果如图 12-14 所示。

图 12-13　设置背景与蓝色矩形框

图 12-14　插入目录标题

3）在"插入"选项卡中单击"形状"按钮，在下拉列表中选择"泪滴形"选项，绘制一个泪滴形，形状填充为深蓝色（红：6，绿：81，蓝：146），形状轮廓为"无轮廓"，旋转对象"90°"，在"插入"选项卡中单击"图片"按钮，选择"素材"文件夹中的图片文件"logo.png"，调整图片的位置，插入文本"企业介绍"，颜色设置为深灰色，字体为"微软雅黑"，字体大小为"40"，调整其位置效果如图 12-15 所示。

4）复制刚刚绘制的泪滴形，形状填充为浅绿色，在"插入"选项卡中单击"图片"按钮，选择"素材"文件夹中的图片文件"图标 1.png"，调整图片的位置，插入文本"服务流程"，颜色设置为深灰色，字体为"微软雅黑"，字体大小为"40"，调整其位置，效果如图 12-16 所示。

图 12-15　插入"企业介绍"　　　　　　图 12-16　插入"服务流程"

5）复制刚刚绘制的泪滴形，形状填充为橙色，在"插入"选项卡中单击"图片"按钮，选择"素材"文件夹中的图片文件"图标 2.png"，调整图片的位置，插入文本"分析对策"，颜色设置为深灰色，字体为"微软雅黑"，字体大小为"40"，效果如图 12-1b 所示。

12.2.4　过渡页幻灯片模板的制作

1）选择节标题版式，设置"素材"文件夹中的"封面背景.jpg"，单击"关闭"按钮，在"插入"选项卡中单击"形状"按钮，在下拉列表中选择"矩形"选项，绘制一个矩形，形状填充为深蓝色（红：6，绿：81，蓝：146），形状轮廓为"无轮廓"，复制矩形框，调整大小与位置，效果如图 12-17 所示。

过渡页幻灯片模板的制作

2）在"插入"选项卡中单击"图片"按钮，选择"素材"文件夹中的图片文件"logo.png"和"礼仪.jpg"，调整图片的位置，效果如图 12-18 所示。

图 12-17　插入矩形框　　　　　　图 12-18　插入图片后的效果

3）分别插入文本"Part 1"和"企业介绍"，颜色设置为深灰色，字体为"微软雅黑"，字体大小自行调整，效果如图 12-1c 所示。

4）复制过渡页面，制作"服务流程"与"分析对策"两个过渡页面。

12.2.5　正文页幻灯片模板的制作

内容页幻灯片
模板的制作

　　1）选择一个普通版式页面，删除所有占位符，在"插入"选项卡中单击"形状"按钮，在下拉列表中选择"矩形"选项，按住〈Shift〉键绘制一个正方形，形状填充为深蓝色（红：6，绿：81，蓝：146），形状轮廓为"无轮廓"，复制正方形，调整大小与位置，效果如图 12-19 所示。

　　2）选择"幻灯片母版"选项卡中的"标题"复选框，设置标题样式，字体为"方正粗宋简体"，文字大小为"36"，颜色为深蓝色，效果如图 12-20 所示。

图 12-19　插入内容页图标 　　　　　　　　图 12-20　插入内容页标题样式

12.2.6　封底页幻灯片模板的制作

封底页幻灯片
模板的制作

　　1）选择一个普通版式页面，删除所有占位符，在"插入"选项卡中单击"图片"按钮，选择"素材"文件夹中的图片文件"商务人士.png"，调整图片的位置，效果如图 12-21 所示。

　　2）在"插入"选项卡中单击"图片"按钮，选择"素材"文件夹中的图片文件"logo.png"，调整图片的位置。在"插入"选项卡中单击"文本框"按钮，在下拉列表中选择"横排文本框"选项，插入文本"易百米快递"，设置字体为"方正粗宋简体"，大小为"44"。同样插入文本"百米驿站——生活物流平台"，设置字体为"微软雅黑"，大小为"24"，调整位置，效果如图 12-22 所示。

图 12-21　插入"商务人士"图片 　　　　　　图 12-22　插入 logo 标题

　　3）插入文本"谢谢观赏"，设置字体为"微软雅黑"，字体大小为"80"，颜色为深蓝色，设置"加粗"与"文字阴影"效果。

4）在"插入"选项卡中单击"图片"按钮，选择"素材"文件夹中的图片文件"电话2.png"，调整图片的位置，插入文本"全国服务热线：400-0000-000"，设置字体为"微软雅黑"，字体大小为"20"，颜色为深蓝色，效果如图12-1f所示。

12.2.7 模板的使用

1）按〈Enter〉键，创建封面页，效果如图12-1a所示。

2）单击〈Enter〉键，会创建一个新页面，默认情况下会是模板中的"目录"模板。

模板的使用

3）继续单击〈Enter〉键，仍然会创建一个新的页面，但仍然是"目录"模板，此时，在页面中右击鼠标，在弹出的快捷菜单中选择"版式"命令，弹出"Office 主题"，如图 12-23 所示，默认为"标题和内容"，选择"节标题"即可完成版式的修改。

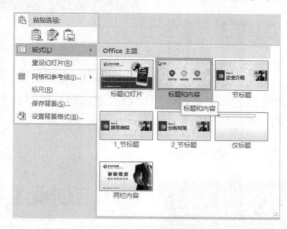

图 12-23　版式的修改

4）采用同样的方法即可插入本实例的所有页面，然后根据实际需要制作所需的页面即可。

12.3 实例小结

通过易百米公司创业实例演示文稿的制作，全面学习了关于模板的应用。模板是 PPT 的外包装，一个 PPT 的模板至少需要三个子版式：封面版式、目录版式或过渡版式、正文版式。封面版式主要用于 PPT 的封面，过渡版式主要用于章节封面（过渡页面），正文版式主要用于 PPT 的正文页面。其中封面版式与内容版式一般都是必需的，而较短的 PPT 可以不设计过渡页面。

12.4 经验技巧

12.4.1 封面页模板设计技巧

封面页
模板设计

封面是浏览者第一眼看到的 PPT 的页面，它直击观众的第一印象。通常情况下，封面页主要起到突出主题的作用，具体包括标题、作者、公司、时间等信息，因此不必过于花哨。

关于 PPT 的封面设计主要包含文本型、图文并茂型和全图型。

（1）文本型

如果没有搜索到合适的图片，仅仅通过文字的排版也可以制作出效果不错的封面，为了防止页面单调，可以使用渐变色作为封面的背景，如图 12-24 所示。

a)   b)

图 12-24 文本型封面 1

a) 单色背景 b) 渐变色背景

除了文本，也可以使用色块来做衬托，以突显标题内容，注意在色块交接处使用线条调和界面能使界面更加协调，如图 12-25 所示。

a)   b)

图 12-25 文本型封面 2

a) 色块作为背景 b) 彩色条分割

通常也可以使用不规则图形来打破静态的布局，以获得动感，如图 12-26 所示。

a)   b)

图 12-26 文本型封面 3——不规则色块结合

（2）图文并茂型

图片的运用能使界面更加清晰，使用图片能使画面聚焦，引起观众的注意，当然要求图片的使用一定要切题，这样能迅速抓住观众，突出汇报的重点，如图 12-27 所示。

图 12-27 小图与文本搭配

当然，也可以使用半图的方式来制作封面，具体方法是把一张大图裁切，大图能够带来不错的视觉冲击力，因此没有必要使用复杂的图形装点页面，如图 12-28 所示。

图 12-28 半图 PPT

（3）全图型

全图型封面就是将图片铺满整个页面，然后把文本放置到图片上，重点是突出文本。可以采用修改图片的亮度，局部虚化图片，也可以在图片上添加半透明或者不透明的形状作为背景，使文字更加清晰。

依据以上提供的方法，制作的全图型封面如图 12-29 所示。

a)
b)

c)
d)

图 12-29　全图 PPT

12.4.2　导航页设计技巧

　　导航系统的作用是展示演示的进度，使观众能清晰把握整个演示文稿的脉络，使演示者能清晰把握汇报的节奏。较短的演示文稿可以不设置导航系统，但仍要认真设计内容，要把握整个演示的节奏紧凑、脉络清晰。对于较长的 PPT，设计逻辑结构清晰的导航页面是很有必要的。

导航页模板
设计

　　通常，PPT 的导航系统主要包括目录页和过渡页。此外，还可以设计页码与导航条。

　　（1）目录页

　　PPT 目录页的设计目的是让观众全面清晰地了解整个 PPT 的架构。因此，好的 PPT 就是要一目了然地将架构呈现出来。实现这一目的核心就是将目录内容与逻辑图示实现高度融合。

　　传统型目录主要运用图形与文字的组合，如图 12-30 所示。

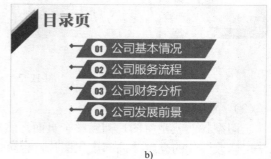

a)
b)

图 12-30　传统型目录

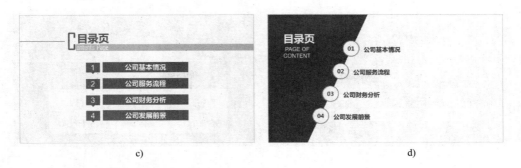

c)　　　　　　　　　　　　　d)

图 12-30　传统型目录（续）

图文混合型的目录，主要采用一幅图片配合一行文本，如图 12-31 所示。

a)　　　　　　　　　　　　　b)

c)　　　　　　　　　　　　　d)

图 12-31　图文混合型目录

综合型目录创新思路，充分考虑整个 PPT 的风格与特点设计 PPT，将页面、色块、图片、图形等元素综合应用，如图 12-32 所示。

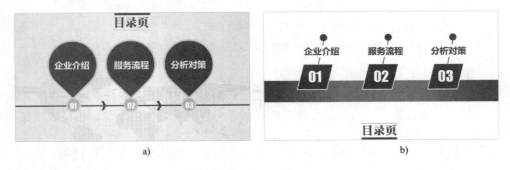

a)　　　　　　　　　　　　　b)

图 12-32　综合型目录

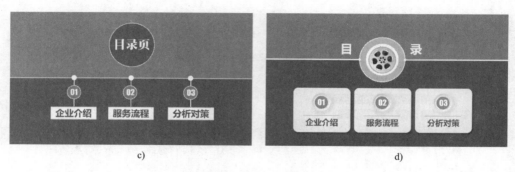

c)   d)

图 12-32 综合型目录（续）

（2）过渡页

过渡页的核心目的在于提醒观众新的篇章开始，告知整个演示的进度，有助于观众集中注意力，起到承上启下的作用。

过渡页尽量与目录页在颜色、字体、布局等方面保持一致，局部布局可以有所变化。如果过渡页与目录页一致的话，可以在页面的饱和度上变化，例如，当前演示的部分使用彩色，不演示的部分使用灰色。也可以独立设计过渡页，如图 12-33 所示。

a)   b)

c)   d)

图 12-33 转场页设计

a) 标题文字颜色区分 b) 图片色彩的区分 c) 单独页面设计 1 d) 单独页面设计 2

（3）导航条设计

导航条的主要作用是让观众了解演示进度。较短的 PPT 不需要导航条，只有在较长的 PPT 演示时需要导航条。导航条的设计非常灵活，可以放在页面的顶部，也可以放在页面的底部，放到页面的两侧也可以。

在表达方式上，导航条可以使用文本、数字或者图片等元素表达，图 12-34 所示用文本颜色表达演示进度。

图 12-34 导航条页面设计效果

12.4.3 正文页设计技巧

内容模板设计

正文页包括标题与正文两个部分。标题栏是展示 PPT 标题的地方，标题表达信息更快、更准确。标题一般要放在固定的、醒目的位置，这样能显得严谨一些。

标题栏一定要简约、大气，最好能够具有设计感或商务风格。标题栏上相同级别标题的字体和位置要保持一致，逻辑清晰。依据人们的浏览习惯，大多数的标题都放在屏幕的上方。内容区域是 PPT 上放置内容的区域，通常情况下，内容区域就是 PPT 本身。

标题的表达常规方法有图标提示、点式、线式、图形、图片图形混合等，内容模板标题栏的效果如图 12-35 所示。

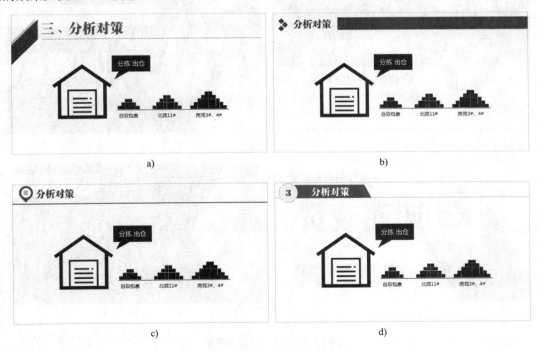

图 12-35　正文页模板标题栏

a) 图标提示　b) 点式　c) 线式　d) 图形

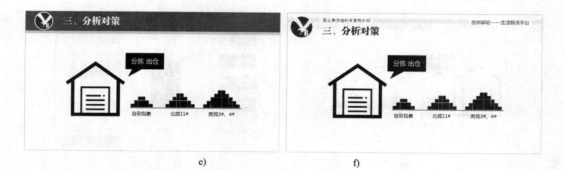

e)

f)

图 12-35　正文页模板标题栏（续）

e) 图片图形结合 1　f) 图片图形结合 2

12.4.4　封底页设计技巧

封底页通常用来表达感谢和展示作者信息，为了保持 PPT 整体风格统一，设计与制作封底页是有必要的。

封底页的设计要和封面页保持风格一致，尤其是在颜色、字体、布局等方面，封底页使用的图片也要与 PPT 主题保持一致。如果觉得设计封底页太麻烦，可以在封面页的基础上进心修改。封底页的设计效果如图 12-36 所示。

封底页模板设计

a)

b)

c)

d)

图 12-36　封底页设计效果

12.5　拓展练习

于教授要申请淮安市科技局的一个科技项目，项目标题为"淮安市公众参与生态文明建设利益导向机制的探究"，具体申报内容分为课题综述、目前现状、研究目标、研究过程、研究结论、参考文献六个方面。现根据需求设计适合项目申报汇报的 PPT 模板。

依据项目需要设计的项目申报模板参考效果如图 12-37 所示。

图 12-37　项目申报模板参考效果

a)　封面页　b)　目录页　c)　过渡页 1　d)　正文页　e)　过渡页 2　f)　封底页

实例 13 数据图表演示文稿制作

实例介绍

13.1 实例简介

13.1.1 实例需求与展示

经统计整理了 2017 年度的中国汽车数据，依据部分文档内容制作关于中国汽车权威数据发布演示文稿。本例文本参考"素材"文件夹中的"2017 年度中国汽车权威数据发布.docx"。核心内容如下：

实例标题：**2017 年度中国汽车权威数据发布**

声明：不对数据准确性解释，仅供教学案例使用

驾驶私家车已经成为很多人的日常出行方式，但城市中机动车的快速增加也带来不少问题，不少地方都在酝酿实施相关的限制措施。那么，全国机动车的保有量到底有多少？其中私家车又有多少？公安部交管局日前公布的数据显示，截至 2017 年底，全国机动车保有量达 2.79 亿辆，其中汽车 1.72 亿辆，汽车新注册量和年增量均达历史最高水平。

近五年私家车保有量情况（单位：万辆）				
2013 年	2014 年	2015 年	2016 年	2017 年
5814	7222	8807	10599	12345

近五年机动车驾驶人数数量情况（单位：万人）				
2013 年	2014 年	2015 年	2016 年	2017 年
23562	26122	27912	30209	32737

私家车到底有多少？

2017 年，以个人名义登记的小型载客汽车（私家车）超 1.24 亿辆，比 2016 年增加了 1877 万辆。全国平均每百户家庭拥有 31 辆私家车。北京、成都、深圳等大城市每百户家庭拥有私家车超过 60 辆。

今年新增汽车多少？

自 2013 年开始每年的新增加汽车数量的统计信息为：2013 年新增加 5814 万辆，2014 年新增加 7222 万辆，2015 年新增加 8807 万辆，2016 年新增加 10599 万辆，2017 年新增加 12345 万辆。

新能源车有多少？

近来，很多地方都在大力发展新能源汽车，不仅购车提供补贴，同时在上牌方面也提供诸多便利。2017 年，新能源汽车保有量达 58.32 万辆，比 2016 年增长 169.48%，其中，纯电动汽车保有量 33.2 万辆，比 2016 年增长 317.06%。

多少城市汽车保有量超百万？

全国有 40 个城市的汽车保有量超百万辆，其中北京、成都、深圳、上海、重庆、天

津、苏州、郑州、杭州、广州、西安 11 个城市汽车保有量超过 200 万辆。

汽车保有量超过 200 万的城市（单位：万辆）										
北京	成都	深圳	上海	重庆	天津	苏州	郑州	杭州	广州	西安
535	366	315	284	279	273	269	239	224	224	219

驾驶员有多少？

与机动车保有量快速增长相适应，机动车驾驶人数量也呈现大幅增长趋势，近五年年均增量达 2299 万人。2017 年，全国机动车驾驶人数量超 3.2 亿人，汽车驾驶人 2.8 亿人，占驾驶人总量的 85.63%，全年新增汽车驾驶人 3375 万人。

从驾驶人驾龄看，驾龄不满 1 年的驾驶人 3613 万人，占驾驶人总数的 11.04%。春节将至，全国交通将迎来高峰。公安部交管局提醒低驾龄（1 年以下）驾驶人驾车出行要谨慎，按规定悬挂"实习"标志。

男性驾驶人 2.4 亿人，占 74.29%；女性驾驶人 8415 万人，占 25.71%，与 2016 年相比提高了 2.23 个百分点。

依据本案设计，实现的实例整体效果如图 13-1 所示。

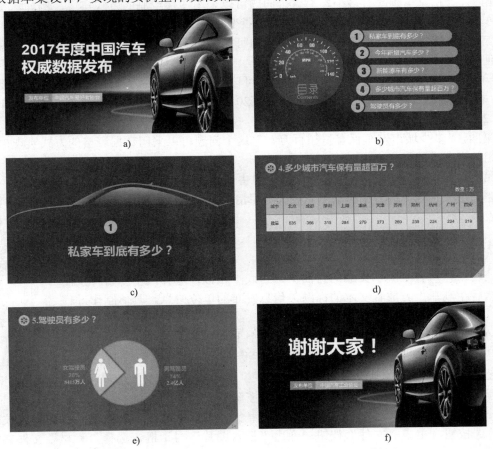

图 13-1　实例整体效果

a) 封面页　b) 目录页　c) 过渡页　d) 正文页 1　e) 正文页 2　f) 封底页

13.1.2 知识技能及目标

本实例涉及的知识点主要有：添加图表、编辑及美化图表、添加表格、编辑表格。

知识技能目标：

- 掌握使用 PowerPoint 中的表格来展示数据的方法。
- 掌握使用 PowerPoint 中的图表来展示数据的方法。
- 掌握使用 PowerPoint 中的图表表达数据的技巧。

13.2 实例实现

本实例主要使用了 PowerPoint 中的图表与表格的表达方法、艺术字的设计与应用等，具体使用方法如下。

13.2.1 任务分析

在中国汽车爱好者协会的数据发布中，可以看出本案主要想介绍五个方面的内容。

第一，"私家车到底有多少？"这个问题可以采用图形绘制的方式实现，例如，使用绘制小车的图形，表达 2013—2017 年汽车的数量变化。

第二，"今年新增汽车多少？"这个问题可以采用图形绘制与文本结合的方式实现，例如，使用圆圈的大小表示数量的多少。

第三，"新能源车有多少？"这个问题可以采用数据表的方式实现，例如，主要表达 2017 年新能源汽车保有量达 58.32 万辆，比 2016 年增长 169.48%，其中，纯电动汽车保有量 33.2 万辆，比 2016 年增长 317.06%。

第四，"多少城市汽车保有量超百万？"这个问题可以采用数据表格的方式实现，也可以采用数据图表的方式实现。

第五，"驾驶员有多少？"这个问题针对男女驾驶员的比例可以采用饼图来实现，也可以绘制圆形来实现。近五年机动车驾驶人数量情况可以采用人物的卡通图标来实现，例如身高代表多少等。

13.2.2 封面页与封底页的制作

经过设计，整个演示文稿的封面页与封底页相似，选择汽车作为背景图片，然后在汽车上方放置文本的标题，信息发布的单位信息。具体制作过程如下。

封面与封底
的制作

1）启动 PowerPoint 2016 软件，新建一个 PPT 文档，命名为"2017 年度中国汽车权威数据发布.pptx"，选择"设计"选项卡；在"设计"组中单击"页面设置"按钮，弹出"页面设置"对话框，在"幻灯片大小"下拉列表框中选择"自定义"选项，设置宽度为"33.86 厘米"，高度为"19.05 厘米"，单击"确定"按钮。

2）右击鼠标，执行"设置背景格式"命令，选择"填充"选项下的"图片或纹理填充"单选按钮，单击"文件"按钮，弹出"插入图片"对话框，选择"素材"文件夹下的"汽车背景.jpg"作为背景图片，插入后的效果如图 13-2 所示。

3）在"插入"选项卡中单击"文本框"按钮，在下拉列表中选择"横排文本框"选项，输入文本"2017 年度中国汽车权威数据发布"，选中文本，设置文本字体为"微软雅黑"，颜色为白色，文字大小为 60，调整文本框的大小与位置。

4）在"插入"选项卡中单击"形状"按钮，在下拉列表中选择"矩形"选项，绘制一个矩形，矩形填充橙色，边框设置为"无边框"。选中矩形，右击鼠标，执行"编辑文字"命令，输入文本"发布单位"，设置文字为白色，字体为"微软雅黑"，字体大小为 20，水平居中对齐，调整位置后的页面如图 13-3 所示。

图 13-2　设置背景图片的效果

图 13-3　插入文本与矩形框的效果

5）复制刚刚绘制的矩形框，设置背景颜色为土黄色，修改文本内容为"中国汽车爱好者协会"，调整位置，效果如图 13-1a 所示。

6）复制封面页，修改"2017 年度中国汽车权威数据发布"为"谢谢大家"，然后调整位置，封底页就完成了。

13.2.3　目录页的制作

1. 目录页实现效果分析

本页面设计采用左右结构，左侧制作一个汽车的仪表盘，形象地体现汽车这个主体，右侧绘制图像，反映要讲解的 5 方面内容，目录页示意图如图 13-4 所示。

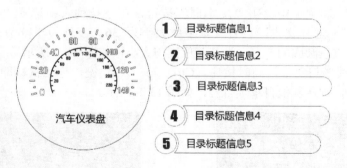

图 13-4　目录页示意图

2. 目录页左侧仪表盘的制作过程

1）新创建一页幻灯片，右击鼠标，执行"设置背景格式"命令，选择"填充"选项下的"图片或纹理填充"单选按钮，单击"文件"按钮，弹出"插入图片"对话框，选择"素材"文件夹下的"背景图片.jpg"作为图片背景。

2）在"插入"选项卡中单击"形状"按钮，在下拉列表中选择"椭圆"选项，按住〈Shift〉键绘制一个圆形，填充深灰色，边框设置为"无边框"，调整大小与位置后的页面如

图 13-5 所示。

3）在"插入"选项卡中单击"图片"按钮，弹出"插入图片"对话框，选择"表盘1.png"，单击"插入"按钮，依次插入"表盘 2.png"与"表针.png"图片，选择绘制的圆形及插入的所有图片，在"开始"选项卡中单击"排列"按钮，在下拉列表中选择"对齐"→"左右居中"选项，使表盘水平方向居中，然后依次选择图片，通过方向键调节上下的位置。

4）在"插入"选项卡中单击"文本框"按钮，在下拉列表中选择"横排文本框"选项，输入文本"目录"，选中文本，设置文本字体大小为 40，字体为"幼圆"，颜色为橙色；采用同样的方法插入文本"Contents"设置文本字体大小为 20，字体为"Arial"，颜色为橙色，调整位置即可，如图 13-6 所示。

图 13-5　插入圆形　　　　　　　　　图 13-6　插入仪表盘图片并对齐后的效果

3. 目录页右侧图形的制作过程

1）在"插入"选项卡中单击"形状"按钮，在下拉列表中选择"椭圆"选项，按住〈Shift〉键绘制一个圆形，填充橙色，边框设置为"无边框"，调整大小与位置。

2）在"插入"选项卡中单击"文本框"按钮，在下拉列表中选择"横排文本框"选项，输入文本"1"，选择文本，设置文本字体大小为 36，字体为"Impact"，颜色为深灰色，把文字放置到橙色圆圈的上方，调整其位置与大小，如图 13-7 所示。

3）选择橙色圆形与文本，同时按住〈Ctrl〉与〈Alt〉键，拖动鼠标即可复制图形与文本，修改文本内容，创建其他目录项目号，如图 13-8 所示。

图 13-7　插入圆形与文本　　　　　　　　图 13-8　插入其他图形元素

4）按住〈Shift〉键选择两个以上形状，选择"格式"选项卡，如图 13-9 所示。单击"合并形状"按钮，弹出的"合并形状"下拉列表如图 13-10 所示。

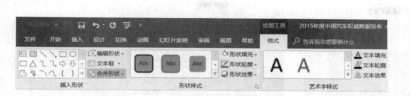

图 13-9 "合并形状"按钮　　　　　　　　　　图 13-10 "合并形状"下拉列表

5）在"插入"选项卡中单击"形状"按钮，在下拉列表中选择"椭圆"选项，按住〈Shift〉键依次绘制两个圆形，在"插入"选项卡中单击"形状"按钮，在下拉列表中选择"矩形"选项，绘制一个矩形，如图 13-11 所示。

6）选择右侧的矩形与圆形，在"开始"选项卡中单击"排列"按钮，在下拉列表中选择"对齐"→"顶端对齐"选项，选择圆形，使其水平向左移动与矩形重叠，先选择圆形，按住〈Shift〉键，再次选择矩形，如图 13-12 所示，单击"合并形状"按钮，在下拉列表中选择"联合"选项，即可实现如图 13-13 所示的图形。

7）选择左侧的圆形与刚刚合并的图形，在"开始"选项卡中单击"排列"按钮，在下拉列表中选择"对齐"→"上下居中"选项，选择圆形，使其水平向右移动与矩形重叠，如图 13-14 所示。

图 13-11 绘制所需的图形　　　　　　　　　图 13-12 选择矩形与右侧的圆形

图 13-13 联合后的图形　　　　　　　　　图 13-14 设置圆形与矩形的位置

8）先选择联合后的形状，按住〈Shift〉键，再次选择左侧圆形，如图 13-15 所示，执行单击"合并形状"按钮，在下拉列表中选择"剪除"选项，即可实现如图 13-16 所示的图形。

图 13-15 选择两个图形　　　　　　　　　图 13-16 剪除后的页面效果

9）调整刚刚绘制图形的位置，在"插入"选项卡中单击"文本框"按钮，在下拉列表中选择"横排文本框"选项，输入文本"私家车到底有多少？"，选择文本，设置文本字体大小为 26，字体为"微软雅黑"，颜色为白色，调整其位置，如图 13-17 所示。

10）依次制作其他的目录选项内容，效果如图 13-18 所示。

图 13-17　目录页的选项 1

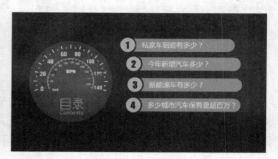

图 13-18　添加其他选项后的效果

13.2.4　过渡页的制作

本实例中 5 个过渡页的风格相似，主要制作过程是先设置背景图片，再插入汽车的卡通图形，然后插入数字标题与每个模块的名称。具体制作过程如下。

1）新创建一页幻灯片，右击鼠标，执行"设置背景格式"命令，选择"填充"选项下的"图片或纹理填充"单选按钮，单击"文件"按钮，弹出"插入图片"对话框，选择"素材"文件夹下的"背景图片.jpg"作为图片背景。

2）在"插入"选项卡中单击"图片"按钮，弹出"插入图片"对话框，选择"卡通汽车形象.png"，单击"插入"按钮，调整位置，使其水平居中在整个幻灯片的中央，如图 13-19 所示。

3）在"插入"选项卡中单击"形状"按钮，在下拉列表中选择"椭圆"选项，按住〈Shift〉键绘制一个圆形，填充橙色，边框设置为"无边框"，调整大小与位置。

4）在"插入"选项卡中单击"文本框"按钮，在下拉列表中选择"横排文本框"选项，输入文本"1"，选中文本，设置文本字体大小为 36，字体为"Impact"，颜色为深灰色，把文字放置到橙色的圆圈的上方，调整其位置与大小，如图 13-20 所示。

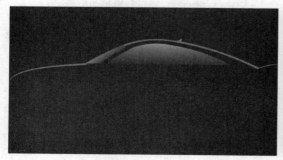

图 13-19　插入汽车卡通形象

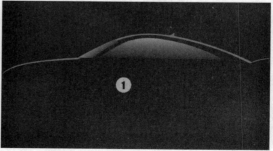

图 13-20　插入标题符号

5）在"插入"选项卡中单击"文本框"按钮，在下拉列表中选择"横排文本框"选项，输入文本"私家车到底有多少？"，选中文本，设置文本字体大小为 50，字体为"微软雅黑"，颜色为深灰色，把文字放置到橙色的圆圈的上方，调整其位置与大小，如图 13-1c 所示。

13.2.5 数据图表页面的制作

使用图像表达数据表

1．正文页：私家车到底有多少？

内容信息：2017 年，以个人名义登记的小型载客汽车（私家车）超 1.24 亿辆，比 2016 年增加了 1877 万辆。全国平均每百户家庭拥有 31 辆私家车。北京、成都、深圳等大城市每百户家庭拥有私家车超过 60 辆。

重点信息为"2017 年，以个人名义登记的小型载客汽车（私家车）超 1.24 亿辆，比 2016 年增加了 1877 万辆。"，核心信息是：2016 年私家车约 1.05 亿辆，2017 年 1.24 亿辆，2017 年比 2016 年增加了 1877 万辆。

本例可以用插入图片的方式来表达数量的变化，制作步骤如下。

1）新创建一页幻灯片，右击鼠标，执行"设置背景格式"选项，选择"填充"选项下的"图片或纹理填充"单选按钮，右击"文件"按钮，弹出"插入图片"对话框，选择"素材"文件夹下的"内容背景.jpg"作为图片背景。

2）在"插入"选项卡中单击"图片"按钮，弹出"插入图片"对话框，选择"汽车轮子.png"，单击"插入"按钮，调整位置。

3）在"插入"选项卡中单击"文本框"按钮，在下拉列表中选择"横排文本框"选项，输入文本"1.私家车到底有多少？"，选择文本，设置文本字体大小为"36"，字体为"微软雅黑"，颜色为橙色，把文字放置到汽车轮子图片的右侧，调整其位置。

4）在"插入"选项卡中单击"图片"按钮，弹出"插入图片"对话框，选择"汽车1.png"，单击"插入"按钮，复制 6 辆汽车，设定第 1 与第 7 辆汽车的位置。在"开始"选项卡中单击"排列"按钮，在下拉列表中选择"对齐"→"横向分布"选项，插入"2016"与"1.05 亿辆"文本，设置字体为"微软雅黑"，颜色为橙色，如图 13-21 所示。

5）采用同样的方法插入 2017 年汽车的数量，添加 9 辆汽车图片（汽车 2.png），效果如图 13-22 所示。

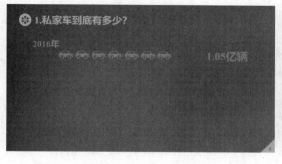

图 13-21　插入 2016 年的汽车图表信息效果

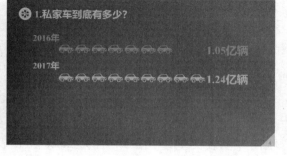

图 13-22　插入 2017 年的汽车图表信息效果

6）在"插入"选项卡中单击"形状"按钮，在下拉列表中选择"直线"选项，按住

〈Shift〉键绘制一条水平直线，设置直线的样式为虚线，颜色为白色。在"插入"选项卡中单击"文本框"按钮，在下拉列表中选择"横排文本框"选项，插入相应的文本，将数字设置橙色，本页即制作完成。

2. 正文页：今年新增汽车多少？

内容信息：自 2013 年开始每年的新增加汽车数量的统计信息为：2013 年新增加 5814 万辆，2014 年新增加 7222 万辆，2015 年新增加 8807 万辆，2016 年新增加 10599 万辆，2017 年新增加 12345 万辆。

这组数据仍然可以采用绘制图形的方式实现，例如采用圆形的方式表达，圆圈的大小表示数量的多少，定性地反映数据变化。制作步骤如下。

1）新创建一页幻灯片，在"插入"选项卡中单击"形状"按钮，在下拉列表中选择"椭圆"选项，按住〈Shift〉键绘制一个圆形，填充橙色，边框设置为"无边框"，调整大小与位置。

2）在"插入"选项卡中单击"文本框"按钮，在下拉列表中选择"横排文本框"选项，输入文本"5814"，选择文本，设置文本字体大小为 32，字体为"微软雅黑"，颜色为白色，把文字放置到橙色的圆圈的上方，调整其位置与大小。用同样的方法插入文本"2013 年"，如图 13-23 所示。

3）用同样的方法插入 2014～2017 年的其他数据，但是需要把背景的圆圈逐渐放大，如图 13-24 所示。

图 13-23　插入 2013 年的汽车增长数据　　　图 13-24　插入连续 5 年的汽车增长数据

4）采用同样的方法插入幻灯片所需的文本内容与线条即可。

3. 正文页：新能源车有多少？

内容信息：近来，很多地方都在大力发展新能源汽车，不仅购车提供补贴，同时在上牌方面也提供诸多便利。2017 年，新能源汽车保有量达 58.32 万辆，比 2016 年增长 169.48%，其中，纯电动汽车保有量 33.2 万辆，比 2016 年增长 317.06%。

信息重点为"2017 年，新能源汽车保有量达 58.32 万辆，比 2016 年增长 169.48%，其中，纯电动汽车保有量 33.2 万辆，比 2016 年增长 317.06%。"，核心信息：第一，新能源汽车 2017 年保有量达 58.32 万辆，比 2016 年增长 169.48%；第二，纯电动汽车保有量 33.2 万辆，比 2016 年增长 317.06%。

本例可以采用插入柱状图的方式来表达数量的变化，制作步骤如下。

1）在"插入"选项卡中单击"图表"按钮，在弹出的"插入图表"对话框中选择"柱状图"图表类型，并在弹出的 Excel 工作表中输入示例数据，如图 13-25 所示。关闭 Excel，完成数据图表的插入，效果如图 13-26 所示。

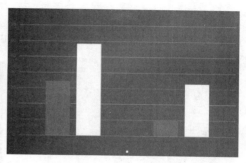

图 13-25　在 Excel 表中输入数据

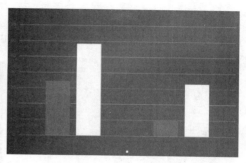

图 13-26　插入柱状图后的效果

2）选择插入的柱状图，选择标题，单击〈Delete〉键删除标题。用同样的方法删除网格线、纵向坐标轴、图例，效果如图 13-27 所示。

3）选中插入的柱状图，在"图表工具"→"设计"选项卡中单击"添加图表元素"按钮，在弹出的下拉列表中选择"数据标签"→"其他数据标签选项"选项，设置数据标签的文字颜色为白色，选择横向坐标轴，设置其文字颜色为白色，效果如图 13-28 所示。

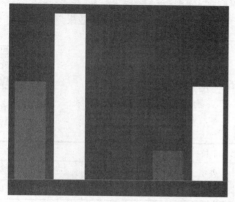

图 13-27　删除标题和坐标轴等后的效果

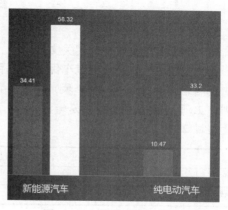

图 13-28　设置页面标签的效果

4）选择插入的柱状图，例如 2016 年的深灰色块状图标，右击鼠标，执行"设置数据系列格式"选项，设置"系列重叠"为 30%，"间隙宽度"为 50%，如图 13-29 所示，设置系列重叠与分类间距后的效果如图 13-30 所示。

图 13-29　设置系列选项

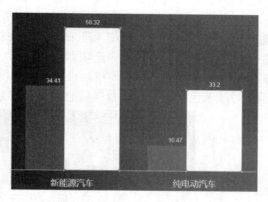

图 13-30　设置系列重叠与分类间距后的效果

5）在"设置数据系列格式"窗格中，选择"填充"选项，设置 2016 年的数据为浅橙色，设置 2017 年的数据为橙色，设置填充选项如图 13-31 所示，设置填充后的效果如图 13-32 所示。

图 13-31　设置填充选项

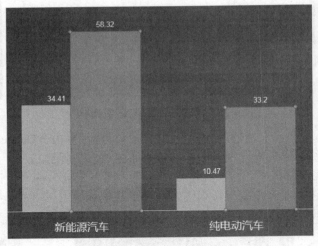

图 13-32　设置填充后的效果

6）最后，添加竖线与相关文本。

4. 正文页：多少城市汽车保有量超百万？

使用表格表示数据

内容信息： 全国有 40 个城市的汽车保有量超百万辆，其中北京、成都、深圳、上海、重庆、天津、苏州、郑州、杭州、广州、西安 11 个城市汽车保有量超过 200 万辆。

汽车保有量超过 200 万的城市（单位：万辆）										
北京	成都	深圳	上海	重庆	天津	苏州	郑州	杭州	广州	西安
535	366	315	284	279	273	269	239	224	224	219

本例可以直接采用插入表格的方式来实现，插入表格后，设置表格的相关属性即可，具体方法如下。

1）在"插入"选项卡中单击"表格"按钮，在下拉列表中选择"插入表格"选项，在弹出的"插入表格"对话框中，输入列数为 12，行数为 2，单击"确定"按钮即可。

2）在"表格工具"→"设计"选项卡中单击"绘图边框"功能组中的"绘制表格"按钮，选择笔触颜色为黑色，粗细为 1 磅，在"表格样式"功能组中单击"边框"下拉按钮，在下拉列表中选择"所有边框"选项即可。

3）选择第 1 行的所有单元格，设置背景颜色为橙色，选择第 2 行的所有单元格，设置背景颜色为浅灰色，输入相关数据后的效果如图 13-33 所示。

										数量：万	
城市	北京	成都	深圳	上海	重庆	天津	苏州	郑州	杭州	广州	西安
数量	535	366	315	284	279	273	269	239	224	224	219

图 13-33　插入表格并设置样式后的效果

制作为柱状图的方法与"新能源车有多少？"中的方法类似，效果与图 13-30 类似。当然，大家也可以使用绘图的方式进行绘制。

5．正文页：驾驶员有多少？

饼状图的使用

内容信息：男性驾驶人 2.4 亿人，占 74.29%，女性驾驶人 8415 万人，占 25.71%，与 2016 年相比提高了 2.23 个百分点。

本例重点反映了驾驶员中的男女比例，采用饼图的表达方式较好。制作步骤如下。

1）在"插入"选项卡中单击"图表"按钮，弹出"插入图表"对话框，如图 13-34 所示，选择"饼图"图表类型，在弹出的 Excel 工作表中输入示例数据，如图 13-35 所示。关闭 Excel 后，完成数据图表的插入，效果如图 13-36 所示。

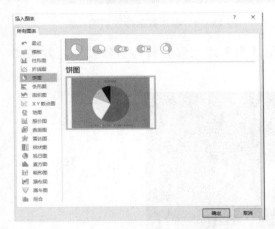

图 13-34　"插入图表"对话框

图 13-35　在 Excel 表中输入数据

2）选择插入的饼图，右击鼠标，执行"设置数据系列格式"选项，设置"第一扇区起始角度"为 315°，设置后的效果如图 13-37 所示。

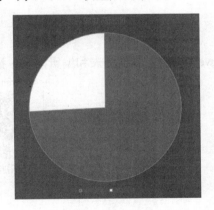
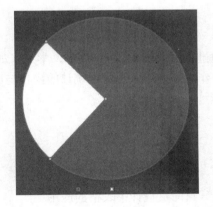

图 13-36　插入饼图后的效果

图 13-37　设置第一扇区的起始角度后的效果

3）选中标题，单击〈Delete〉键将其删除，选中"图例"，将其删除。

4）选择左侧的白色区域，按住鼠标左键将其向左移动一点，执行"设置数据系列格式"命令，选择"填充"选项，设置"填充"颜色为浅橙色，设置"边框"为橙色，选择右侧深灰色的扇形，把边框与填充都设置为橙色，设置填充颜色效果如图 13-38 所示，添加数据标签后的效果如图 13-39 所示。

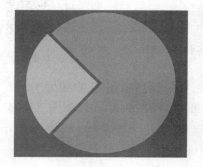

图 13-38 设置填充颜色

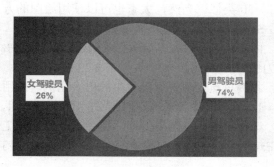

图 13-39 添加数据标签后的效果

5）为了使页面效果更加直观，插入两幅图片来表达女驾驶员与男驾驶员，效果如图 13-40 所示。

图 13-40 男女驾驶员比例最终效果

13.3 实例小结

通过数据图表类 PPT 制作，学习了如何在 PowerPoint 中制作图表和编辑图表、插入表格等操作，掌握了关于数据统计的操作与应用。

13.4 经验技巧

13.4.1 表格的应用技巧

（1）封面页设计中表格的应用

运用表格的方式设计 PPT 的封面，效果如图 13-41 所示。

本例中主要运用了对表格的颜色填充，运用图片作为背景，对于图 13-41b 的背景图片，需要选择表格，然后，右击鼠标，执行"设置形状格式"选项，在"设置形状格式"窗格中选择"图片或纹理填充"单选按钮，单击"文件"按钮后选择所需图片即可，注意勾选"将图片平铺为纹理"复选框。

图 13-41　封面页设计中表格的应用

a) 表格框线与纯文本结合　b) 表格框线与背景图及文本结合　c) 表格框线与小背景图及文本结合　d) 表格单元格与文本结合

（2）目录页设计中表格的应用

运用表格的方式设计 PPT 的目录，效果如图 13-42 所示。

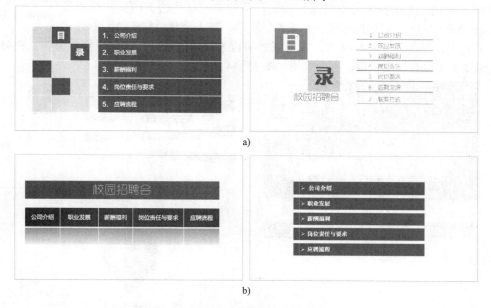

图 13-42　目录页设计中表格的应用

a) 表格为框架的左右结构 1　b) 表格为框架的上下结构 2

（3）正文页设计中表格的应用

运用表格的方式可以进行 PPT 正文页面的常规设计，如图 13-43 所示。

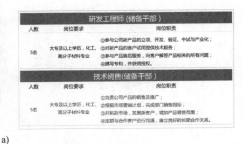

图 13-43　正文页设计中表格的应用

a) 数据的展示　b) 表格的样式设计

13.4.2　绘制自选图形的技巧

在制作演示文稿的过程中，对于一些具有说明性的图形内容，用户可以在幻灯片中插入形状，并根据需要对其进行编辑，从而使幻灯片达到图文并茂的效果。PowerPoint 2016 中提供的形状包括线条、矩形、基本形状、箭头总汇、公式形状、流程图、星与旗帜和标注等。下面以"易百米快递——创业案例介绍"为例，充分利用绘制自选图形来制作一套模板，页面效果如图 13-44 所示。

绘制自选图形

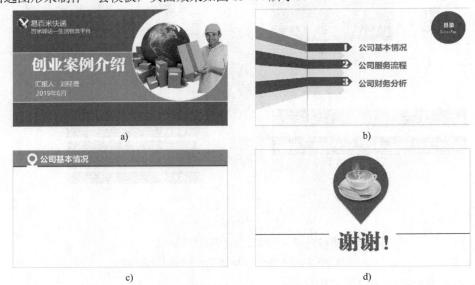

图 13-44　利用绘制自选图形的页面效果

a) 封面页　b) 目录页　c) 正文页　d) 封底页

通过对图 13-44 进行分析，本模版主要用了自选绘制图形，例如矩形、泪滴形、任意多边形等，还用了"合并形状"功能。

（1）绘制泪滴形

在图 13-44 中的封面页、正文页、封底页都使用了泪滴形，具体绘制方式如下。

1）单击"插入"选项卡，单击"形状"按钮，在下拉列表中选择"基本形状"→"泪滴形"选项，如图 13-45 所示，在页面中按住鼠标左键拖动鼠标绘制一个泪滴形，如图 13-46 所示。

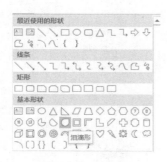

图 13-45　插入泪滴形

图 13-46　插入泪滴形后的效果

2）选择绘制的泪滴形，设置图形的格式，给图形进行图片填充（"素材"文件夹下的"封面图片.jpg"），效果如图 13-47 所示。

封底页中的泪滴形的制作思路：选择绘制的泪滴形，将其旋转 90°，然后插入图片并放置在泪滴图形的上方，效果如图 13-48 所示。

图 13-47　封面页中的泪滴形效果

图 13-48　封底页中的泪滴形效果

（2）"合并形状"功能

正文页中的空心泪滴形的设计示意图如图 13-49 所示。

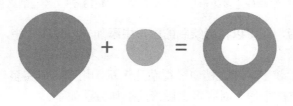

图 13-49　空心泪滴形图形的示意图

图 13-49 所示图形的绘制思路：先绘制一个泪滴形，然后绘制一个圆形，将圆形放置在泪滴形的上方，然后调整位置，使用鼠标先选择泪滴形，然后选择圆形，如图 13-50 所示。

单击"格式"选项卡，单击"合并形状"按钮，选择"剪除"选项，如图 13-51 所示，就可以完成空心泪滴形的绘制。

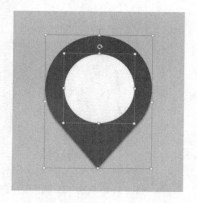

图 13-50　选择两个绘制的图形

图 13-51　"剪除"选项

此外，大家可以练习使用"合并形状"下拉列表中的"联合""组合""相交"等选项。

（3）绘制自选形状

图 13-44 所示的目录页主要使用了图 13-45 中的"任意多边形" （"线条"栏中的倒数第 2 个）实现。选择"任意多边形"选项，依次绘制 4 个点，闭合后即可形成四边形，如图 13-52 所示。按照此法依次绘制即可完成目录页中图形的绘制，如图 13-53 所示。

图 13-52　绘制任意多边形

图 13-53　绘制的立体图形效果

在绘制图形完成后，还可以在所绘制的图形中添加一些说明文字，诠释幻灯片的含义。

（4）对齐多个图形

如果所绘制的图形较多，在文档中显得杂乱无章，用户可以将多个图形进行对齐显示，这样会使幻灯片页面整洁干净。对齐多个图形的操作方法如下。

单击选中一个图形，按住〈Shift〉键，依次将所有图形选中，选择"格式"选项卡，单击"排列"功能组中的"对齐"按钮，在弹出的下拉列表中选择想要的对齐方式即可。

（5）设置叠放次序

在幻灯片中插入多张图片后，用户可以根据排版的需要，对图片的叠放次序进行设置。可以选择相应的对象，右击鼠标，在弹出的快捷菜单中选择"置于底层"命令。如果要实现置顶，就选择"置于顶层"命令。

13.4.3 SmartArt 图形的应用技巧

SmartArt 图形
的使用

SmartArt 图形是信息和观点的视觉表示形式，以不同形式和布局的图形代替枯燥的文字，从而快速、轻松、有效地传达信息。

SmartArt 图形在幻灯片中有两种插入方法，一种是直接在"插入"选项卡中单击"SmartArt"按钮；另一种是先用文字占位符或文本框完成文字输入，再利用转换的方法将文字转换成 SmartArt 图形。

下面以绘制一张循环图为例介绍如何直接插入 SmartArt 图形。

1）打开需要插入 SmartArt 图形的幻灯片，选择"插入"选项卡，单击"插图"功能组中的"SmartArt"按钮，如图 13-54 所示。

图 13-54 "SmartArt"按钮

2）在弹出的"选择 SmartArt 图形"对话框中，在左侧列表中选择"循环"，在右侧列表框中选择"基本循环"图形，如图 13-55 所示，完成后单击"确定"按钮，插入后的基本循环效果如图 13-56 所示。

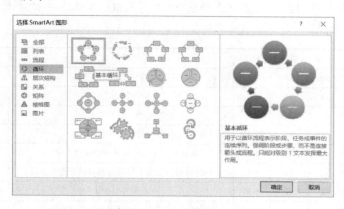

图 13-55 "选择 SmartArt 图形"对话框

注：PowerPoint 提供的 SmartArt 图形包括列表、流程、循环、层次结构、关系、矩阵和棱锥图等很多分类。

3）幻灯片中将生成一个结构图，结构图默认由 5 个形状对象组成，可以根据实际需要进行调整。如果要删除形状，只需选中某个形状后按〈Delete〉键即可；如果要添加形状，则在某个形状上右击鼠标，在弹出的快捷菜单中选择"添加形状"→"在后面添加形状"命令即可。

4）设置好 SmartArt 图形的结构后，接下来在每个形状对象中输入相应的文字，最终效果如图 13-57 所示。

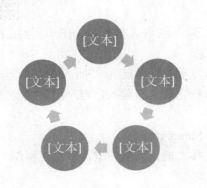

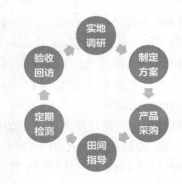

图 13-56 插入后的基本循环效果　　　图 13-57 修改文本信息后的 SmartArt 图形

13.5 拓展练习

根据"拓展任务"文件夹中"降低护士 24 小时出入量统计错误发生率.docx"文件的信息，结合 PPT 的图表制作技巧与方法设计并制作 PPT 演示文稿。

部分节选如下：

降低护士 24 小时出入量统计错误发生率

成员信息：2014 年 12 月成立"意扬圈"，成员人数：8 人，平均年龄：35 岁，圈长：沈霖，辅导员：唐金凤。

圈内职务	姓名	年龄	资历	学历	职务	主要工作内容
辅导员	唐金凤	52	34	本科	护理部主任	指导
圈长	沈霖	34	16	硕士	护理部副主任	分配任务、安排活动
副圈长	王惠	45	25	本科	妇产大科护士长	组织圈员活动
圈员	仓艳红	34	18	本科	骨科护士长	整理资料
	李娟	40	21	本科	血液科护士长、江苏省肿瘤专科护士	幻灯片制作
	罗书引	31	11	本科	神经外科护士长、江苏省神经外科专科护士	整理资料、数据统计
	席卫卫	28	8	本科	泌尿外科护士	采集资料
	杨正侠	37	18	本科	消化内科护士、江苏省消化科专科护士	采集资料

目标值的设定：2017 年 4 月前，24 小时出入量记录错误发生率由 32.50%下降到 12.00%。

根据以上内容制作的 PPT 页面效果如图 13-58 所示。

a)

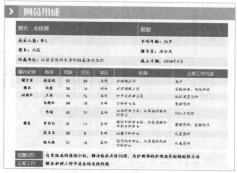

b)

c)

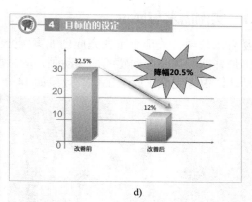

d)

图 13-58 "意扬圈"制作 PPT 页面效果

a) 封面页　b) 成员信息　c) 成员图片　d) 目标设置

实例 14　片头动画制作

14.1　实例简介

14.1.1　实例需求与展示

易百米公司公关部小王在完成创业案例介绍的演示文稿后，潘经理非常满意，同时潘经理提出最好能制作一个动感的片头动画，动画要简约、大气。小王利用 PowerPoint 2016 的动画功能，很快完成了此项工作，效果如 14-1 所示。

a) 　　　　　　　　　　　　　　　　　　　　　　　　　　　b)

图 14-1　片头动画效果图

a) 动画场景 1　b) 动画场景 2

14.1.2　知识技能及目标

本实例涉及的知识点主要有：动画的使用、插入音频、导出.wmv 格式视频。

知识技能目标：

- 掌握 PowerPoint 演示文稿中动画的使用。
- 掌握 PowerPoint 演示文稿中插入音视频多媒体的方法。
- 掌握 PowerPoint 演示文稿导出为视频格式的方法。

14.2　实例实现

本实例主要实践路径的动画、多媒体元素（例如音频）以及 PPT 的输出等。

插入各类元素

14.2.1　插入文本、图片、背景音乐等元素

插入文本、图形元素后调整大小及位置，在"插入"选项卡中单击"音

频"按钮，在下拉列表中选择"PC 上的音频"选项，弹出"插入音频"对话框，选择"素材"
文件夹中的"背景音乐.wav"，调整所有插入元素的位置后，效果如图 14-3 所示。

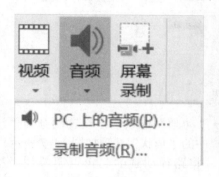

图 14-2 "音频"按钮

图 14-3 调整所有元素的位置

单击 🔊，在"音频工具"→"播放"选项卡中，在"音频选项"功能组中，在"开始"
下拉列表框中选择"自动"选项，如图 14-4 所示。

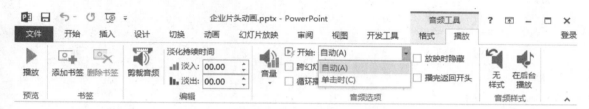

图 14-4 设置音频触发方式

14.2.2 动画的构思设计

依据图 14-3 中的图像元素，构思各个元素的入场动画顺序，同时播放背景音乐。动画
的构思图如图 14-5 所示。

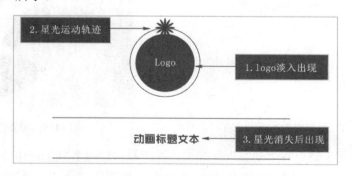

图 14-5 动画构思图

14.2.3 入场动画制作

1）选择图片"logo.png"，单击"图片工具"→"动画"选项卡，在"动
画"功能组中单击"淡出"按钮设置动画为"淡出"效果，如图 14-6 所示。

制作入场动画

图 14-6　选择动画效果

2）选择"星光.png"图片，单击"图片格式"→"动画"选项卡，设置动画为"淡出"。再单击"添加动画"按钮★，选择"动作路径"栏中的"形状"选项如图 14-7 所示。

3）将路径动画的大小调整得与 logo 大小一致，将路径动画的起止点调整到"星光.png"的位置，如图 14-8 所示。

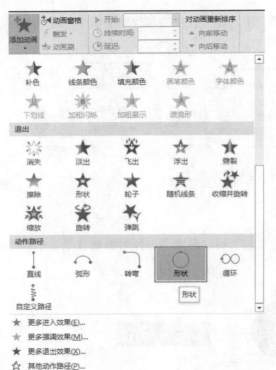

图 14-7　添加路径动画

图 14-8　调整路径动画

4）单击"图片工具"→"动画"选项卡，在"高级动画"功能组中单击"动画窗格"按钮。将"logo.png"淡出动画触发方式"开始"设置为"与上一动画同时"，将"星光.png"淡出动画和路径动画触发方式"开始"设置为"与上一动画同时"，将"延迟"设置为 0.5 秒，如图 14-9 和图 14-10 所示。

5）要让"星光.png"在路径动画播放完后消失，选择"星光.png"图片，再次单击"添加动画"按钮★，选择"退出"栏中的"淡出"选项。

图 14-9　设置延迟时间

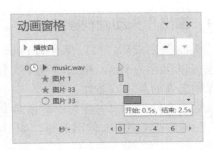

图 14-10　"动画窗格"窗格 1

6）再次单击"添加动画"按钮 ★，选择"放大/缩小"，将效果选择为"巨大"。将退出动画和强调动画的触发方式"开始"设置为"与上一动画同时"。将延迟时间设置在星光路径动画结束之后，设置延迟时间为 2.5 秒，如图 14-11 和图 14-12 所示。

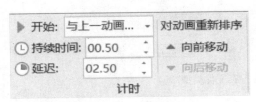

图 14-11　设置延迟时间

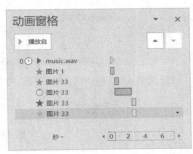

图 14-12　"动画窗格"窗格 2

7）Logo 部分动画播放结束后，文字部分出场。设置文字上下两条直线形状，动画为"淡出"。将淡出动画的触发方式"开始"设置为"与上一动画同时"将"延迟时间"设置为3 秒。

8）选中文字，选择"动画"选项卡，单击"添加动画"按钮，在下拉列表中选择"更多进入效果"选项，将动画设置为"挥鞭式"，如图 14-13 所示。

9）将文字动画的触发方式"开始"设置为"与上一动画同时"，将"延迟时间"置为 3秒，如图 14-14 所示。

图 14-13　设置挥鞭式动画

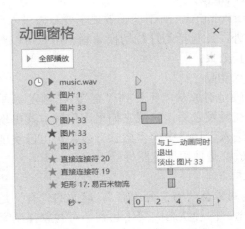

图 14-14　"动画窗格"窗格 3

14.2.4　输出片头动画视频

输出动画
片头视频

片头制作完成后，可以保存为.pptx 格式的演示文稿，用 PowerPoint 打开，也可以保存为.wmv 格式的视频文件，用视频播放器打开。保存为.wmv 格式视频文件的具体方法如下。

执行"文件"→"另存为"菜单命令，设置保存类型为"Windows Media 视频（*.wmv）"，填写文件名即可，如图 14-15 所示。

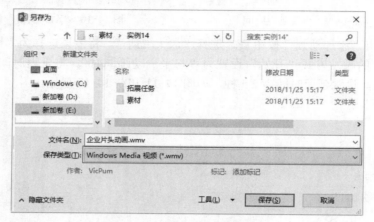

图 14-15　设置保存文件类型

14.3　实例小结

通过本实例中动画的制作，学习了 PPT 中动画的设计原则、动画效果、PPT 片头的输出等。实际操作中要恰当地选取片头动画的制作策略，且片头动画中素材的质量要高，分辨率要高，格式要恰当，片头的制作要能举一反三，不断创新。

动画的分类

此外还应该学习一些关于动画制作的方法与技巧。

1．PPT 动画的分类

在 PowerPoint 中，所谓动画效果主要分为进入动画、强调动画、退出动画和动作路径动画四类。此外，还包括幻灯片切换动画。用户可以对幻灯片中的文本、图形、表格等对象添加不同的动画效果。

（1）进入动画

进入动画是对象从"无"到"有"。在触发动画之前，被设置为"进入"动画的对象是不出现的，在触发之后，它或它们采用何种方式出现是"进入"动画要解决的问题。比如设置对象为"进入"动画中的"擦除"效果，可以实现对象从某一方向一点一点出现的效果。进入动画一般都是使用绿色图标标识的。

（2）强调动画

"强调"对象从"有"到"有"，前面的"有"是对象的初始状态，后面一个"有"是对象的变化状态。两种状态的变化起到了对对象强调突出的目的。比如设置对象为"强调"动画中的"变大/变小"效果，可以实现对象从小到大（或设置从大到小）的变化过程，从而产生强调的效果。进入动画一般都是使用黄色图标标识的。

（3）退出动画

退出动画与进入动画正好相反，它可以使对象从"有"到"无"。对象在没有触发动画之前是显示在屏幕上的，当其被触发后，则从屏幕上以某种设定的效果消失。如设置对象为退出动画中的"切出"效果，则对象在触发后会逐渐地从屏幕上某处切出，从而消失在屏幕上。退出动画一般都是使用红色图标标识的。

（4）动作路径动画

动作路径动画就是对象沿着某条路径运动的动画，在 PPT 中要制作沿着某条径运动的动画，可以将对象设置成"动作路径"动画效果。比如设置对象为"动作路径"中的"直线"效果，则对象在触发后会沿着设定的直线和方向移动。

2．动画的衔接、叠加与组合

动画的使用讲究自然、连贯，所以需要恰当地运用动画，使动画看起来自然、简洁。要使动画整体效果赏心悦目，就必须掌握动画的衔接、叠加和组合。

动画的衔接、
叠加与组合

（1）衔接

动画的衔接是指在一个动画执行完成后紧接着执行其他动画，即使用"从上一项之后开始"命令。衔接动画可以是同一个对象的不同动作，也可以是不同对象的多个动作。

片头星光图片的先淡出，再按照圆形路径旋转，最后淡出消失，就是动画的衔接关系。

（2）叠加

对动画进行叠加，就是让一个对象同时执行多个动画，即设置"从上一项开始"命令。叠加可以是一个对象的不同动作，也可以是不同对象的多个动作。几个动作进行叠加之后，效果会变得非常不同。

动画的叠加是富有创造性的过程，它能够衍生出全新的动画类型。两种简单的动画进行叠加后产生的效果可能会非常不可思议，例如：路径+陀螺旋、路径+淡出、路径+擦除、淡出+缩放、缩放+陀螺旋等。

（3）组合

组合动画让画面变得更加丰富，是让简单的动画有量变到质变的手段。如果是对一个对象使用浮入动画，看起来非常普通，但是二十几个对象同时浮入时味道就不同了。

组合动画的调节通常需要对动作的时间、延迟进行精心的调整，另外需要充分利用动作的重复，否则就会事倍功半。

14.4 经验技巧

14.4.1 手机滑屏动画综合实例

手机划屏动画

手机滑屏动画是图片的擦除动画与手的滑动动画的组合效果。可以首先实现图片滑动动画，然后制作手的整个运动动画，具体步骤如下。

（1）图片滑动动画的实现

1）启动 PowerPoint 2016 软件，新建一个 PPT 文档，命名为"手机滑屏动画.pptx"，在"设计"选项卡中单击"页面设置"按钮，弹出"页面设置"对话框，在"幻灯片大小"下拉列表框中选择"自定义"选项，设置宽度为"33.86 厘米"，高度为"19.05 厘米"，用鼠标右键设置渐变色作为背景。

2）在"插入"选项卡中单击"图片"按钮，弹出"插入图片"对话框，依次选择"素材"文件夹下的"手机.png""葡萄与葡萄酒.jpg"两幅图片，单击"插入"按钮，完成图片的插入操作，调整其位置后如图 14-16 所示。

图 14-16　图片的位置与效果

3）继续在"插入"选项卡中单击"图片"按钮，弹出"插入图片"对话框，选择"素材"文件夹下的"葡萄酒.jpg"图片，单击"插入"按钮，完成图片的插入操作，调整其位置，使其完全放置在"葡萄与葡萄酒.jpg"图片的上方，效果如图 14-17 所示。

4）选择上方的图片"葡萄酒.jpg"，然后在"图片工具"→"动画"选项卡中单击"进入"的"擦除"按钮，如图 14-18 所示，设置其动画的"效果选项"为"自右侧"，同时修改动画的开始方式为"与上一动画同时"，延迟时间为 0.75 秒。可以单击"预览"按钮预览动画效果，也可以在"幻灯片放映"选项卡中单击"从当前幻灯片开始"按钮预览动画。

图 14-17　图片的位置与效果

图 14-18　动画的参数设置

（2）手划屏动画的实现

1）在"插入"选项卡中单击"图片"按钮，弹出"插入图片"对话框，选择"素材"文件夹下的"手.png"，单击"插入"按钮，完成图片的插入操作，调整其位置后如图 14-19 所示。

图 14-19　调整手的图片位置后效果

2）选择"手"图片，然后在"图片工具"→"动画"选项卡中单击"进入"的"飞入"按钮，实现手从底部飞入的进入动画。但需要注意，单击"预览"按钮预览动画效果后会发现"葡萄酒"图片的擦除动画执行后，单击鼠标后，手才能自屏幕下方出现，显然，两个动画的衔接不合理。

3）选择"动画"选项卡，设置手的动画为"与上一动画同时"，单击"动画窗格"按钮，弹出"动画窗格"窗格，如图 14-20 所示。在图 14-20 中选择"手"（图片 1）将其拖动到"葡萄酒"（图片 4）的上方，最后，选择"葡萄酒"（图片 4）的动画，设置开始方式为"上一动画之后"，调整后的"动画窗格"窗格如图 14-21 所示。

图 14-20　调整前的"动画窗格"窗格

图 14-21　调整后的"动画窗格"窗格

4）选中"手"图片，在"动画"选项卡中单击"添加动画"按钮，在下拉列表中选择"其他动作路径"选项，弹出"添加动作路径"窗格，选择"直线和曲线"下的"向左"选项，设置动画后的效果如图 14-22 所示，其中，右侧绿色箭头表示动画的起始位置，左侧红色箭头表示动画的结束位置，由于动画结束的位置比较靠近画面中间，因此选中红色箭头按住鼠标左键向左拖动，如图 14-23 所示。

图 14-22　调整前的路径动画的起始与结束位置

图 14-23　调整后的路径动画的起始与结束位置

注意：当同一对象有多个动画效果时，需要执行"添加动画"命令。

5）选择"手"图片的"动作路径"动画，设置"开始"方式为"与上一动画同时"，设置动画的持续时间为 0.75 秒，动画的"计时"设置如图 14-24 所示，调整后的"动画窗格"

窗格如图 14-25 所示。此时，单击"预览"按钮可以预览动画效果。

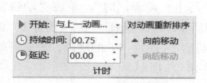

图 14-24　动画的"计时"设置　　　　图 14-25　调整后的"动画窗格"窗格

注意：手的横向运动动画与图片的擦除动画就是两个对象的组合动画。

6）选中"手"图片，在"动画"选项卡中单击"添加动画"按钮，在下拉列表的"退出"栏中选择"飞出"选项，设置"飞出"动画的开始方式为"在上一动画之后"，继续在"动画"选项卡中单击"添加动画"按钮，在下拉列表的"退出"栏中选择"淡出"选项，设置"淡出"动画的开始方式为"与上一动画同时"，整体的"动画窗格"窗格如图 14-26 所示。单击"预览"按钮可以预览动画效果，如图 14-27 所示，这样通过动画叠加的方式，实现了"手"一边飞出一边淡出的功能。

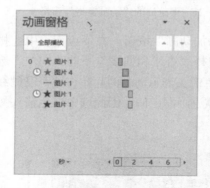

图 14-26　整体的"动画窗格"窗格　　　　图 14-27　动画效果

（3）划屏动画的前后衔接控制

动画的衔接控制也就是动画的时间控制，通常有两种方式。

第一种：通过"单击时""与上一动画同时""在上一动画之后"控制。

第二种：通过"计时"面板中的"延迟"时间来控制，它的根本思想是所有动画的开始方式都为"与上一动画同时"，通过"延迟"时间来控制动画的播放时间。

第一种动画的衔接控制方式在后期的动画调整时（例如添加或者删除元素时）不是很方便；第二种方式相对比较灵活，建议大家使用第二种方式。

具体的操作方式如下。

1）在"动画窗格"窗格中选择所有动画效果，设置开始方式为"与上一动画同时"，此时的"动画窗格"窗格如图 14-28 所示。

2）由于"葡萄酒"（图片 4）的"擦除"动画与"手"（图片 1）的向左移动动画是同时的，所以选择图 14-28 中的第 2、3 两个动画，设置其"延迟"时间都为 0.5 秒，"动画窗格"窗格如图 14-29 所示。

图 14-28　设置所有动画都为"与上一动画同时"

图 14-29　设置时间延迟

3）由于"手"的动画最后的效果为边消失边飞出，因此两者的延迟时间也是相同的。"手"的出现动画是 0.5 秒，滑动过程为 0.75 秒，所以"手"的动画消失的延迟时间是 1.25 秒。选择图 14-28 中的第 4、5 两个动画，设置其"延迟"时间都为 1.25 秒。

（4）其他几幅图片的划屏动画制作

1）选择"葡萄酒"与"手"两幅图片，按〈Ctrl+C〉快捷键复制这两幅图片，然后按〈Ctrl+V〉粘贴两幅图片，使用鼠标左键将两幅图片与原来的两幅图片对齐。

2）单独选择刚刚复制的"葡萄酒"图片，然后单击鼠标，执行"更改图片"命令，选择"素材"文件夹中的"红酒葡萄酒.jpg"，打开"动画窗格"窗格，分别设置新图片与"红酒葡萄酒.jpg"图片的延迟时间。

3）采用同样的方法再次复制图片，使用"素材"文件夹中的"红酒.jpg"图片，最后调整不同动画的延迟时间即可。

14.4.2　PPT 中的视频的应用

添加文件中的视频就是将计算机中已存在的视频插入到演示文稿中。具体方法如下。

1）打开"视频的使用.pptx"，选择"插入"选项卡，在"媒体"功能组中单击"视频"下拉按钮，在弹出的下拉列表中选择"PC 上的视频"选项，如图 14-30 所示。

图 14-30　插入视频

2）弹出"插入视频文件"对话框，选择"素材"文件夹下的"视频样例.wmv"文件，单击"插入"按钮，如图 14-31 所示。

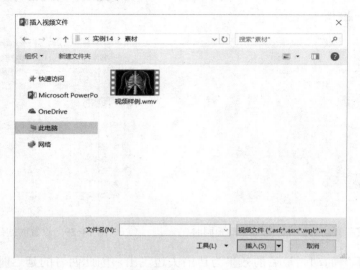

图 14-31　"插入视频文件"对话框

3）执行上述插入视频操作后的效果如图 14-32 所示，可以拖动视频图标至合适位置，按〈F5〉键后，幻灯片播放，单击播放按钮就可以播放视频，如图 14-33 所示。

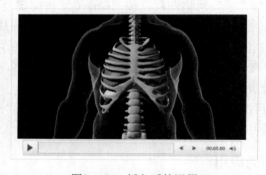

图 14-32　插入后的视频

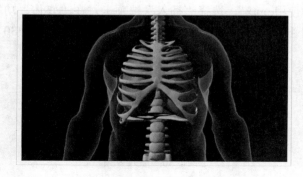

图 14-33　PPT 预览视频播放效果

14.5　拓展练习

根据"拓展训练\2015 年中国汽车权威数据发布.pptx"素材，目录页以"表盘"为背景实现"表针"的动画变化，表盘的动画效果如图 14-34 所示。

图 14-34　表盘的动画效果

a) 动画效果 1　　b) 动画效果 2　　c) 动画效果 3　　d) 动画效果 4

参 考 文 献

[1] 王强，牟艳霞，李少勇．Office 2013 办公应用入门与提高[M]．北京：清华大学出版社，2014.

[2] 杨臻. PPT，要你好看[M]．2 版．北京：电子工业出版社，2015.

[3] 楚飞．绝了，可以这样搞定 PPT[M]．北京：人民邮电出版社，2014.

[4] 陈跃华．PowerPoint 2010 入门与进阶[M]．北京：清华大学出版社，2013.

[5] 温鑫工作室．执行力 PPT 原来可以这样用[M]．北京：清华大学出版社，2014.

[6] 陈魁，吴娜．PPT 演义——100%幻灯片设计密码：PowerPoint 2010 版[M]．北京：电子工业出版社，2014.

[7] 陈婉君．妙哉！PPT 就该这么学[M]．北京：清华大学出版社，2015.

[8] 於文刚，刘万辉．Office 2010 办公软件高级应用实例教程[M]．北京：机械工业出版社，2015.

[9] 刘万辉，丁九敏．Office 2010 办公软件高级应用案例教程[M]．北京：高等教育出版社，2017.

[10] 龙马高新教育．Office 2016 办公应用从入门到精通[M]．北京：北京大学出版社，2016.

[11] 德胜书坊．最新 Office 2016 高效办公三合一：Word/Excel/PPT[M]．北京：中国青年出版社，2017.

[12] 华文科技．新编 Office 2016 应用大全：实战精华版[M]．北京：机械工业出版社，2017.